U0274021

AS DEAD AS A DODO

AS DEAD AS A DODO

逝者如渡渡

申赋渔

著

新 星 出 版 社　NEW STAR PRESS

新经典文化股份有限公司
www.readinglife.com
出　品

渡渡鸟的灭绝

是工业文明大规模灭绝地球物种的开始

之后

"逝者如渡渡"

成为西方一句哀伤的谚语

目录

序一

　　巴黎城中央，两只羊在坡上吃草。

　　这是一块很难摆弄的斜坡，靠近圣·拉扎尔火车站。一条条铁轨铺在几乎像山谷一样的深处。斜坡上长满了杂草。杂草长高了，不好看。巴黎人是爱美的，不能不好看，怎么办?铲草机开不了，若是如我少年时那般，用镰刀去割，太危险。那么，最方便的，就用除草剂吧，我们乡下都用这个，好用得很。

　　可是巴黎禁止用除草剂。

　　对除草剂使用得最充分的是美国空军。他们在越南的森林里洒下大片的由孟山都公司研制的"橙剂"，名字倒好听，树一碰着，就枯死。不过从此之后，孟山都一发不可收拾，创造了大量的这东西的种种变种，以适应全世界的农民们所需。随之而来的，是对环境可怕的破坏，以及，超级杂草的诞生。

　　法国人不愿意，所以就禁用了。我第一次看到浩大的游行示威，就是在法国的斯特拉斯堡，农民们把各种大拖拉机都开到了大街上，抗议政府对他们的要求太严了。其中一条，就是法国对除草剂过分严厉的限制。可是不管怎么闹，法国政府这么些年

→

来，一直不松口。病从口入，粮食安全是大事。

那么，城里的这些割不了的不好看的杂草怎么办呢?有人牵了两只羊来。如此陡峭的坡子，对羊来说，不在话下。草也是它爱吃的东西。如此一来，不只是维护了很好的生态，还增添了都市里的田园风光呢。

我是在一场小雨后，出门散步时看到的。大概羊有点冷，就缩在坡子的顶上，不过模样还是挺可爱。两只黑羊。

巴黎城里已经发现过好几批羊了，甚至一群一群的，有人赶着，在公园，在闲地（巴黎城里其实闲地蛮多的），在路边，啃着草。

我忽然想起年少的时候，那时人人写诗，写诗的人都喜欢用一个"读"字，而用得最多的一个意象就是"羊在山坡上读着青草"。

这两只黑羊，好些天来，就在这斜斜的坡上读着青草。

为什么会冒出这么一点诗意呢?因为我就站在马拉美家的门口。马拉美每周二都在这里开沙龙。大家朗诵一首叫《牧神的午后》的诗。好了，现在牧神把羊放到他的家门口了。真是有意思的巧合。

雨又下起来。

美国作家蕾切尔·卡逊，写了一本自然主义文学的名作《寂静的春天》。春意盎然，特别是惊蛰过后，小虫子都钻了出来，蠢蠢欲动呢，怎么能说春天寂静呢？

化肥、农药，特别是杀虫剂的滥用，导致了可怕的生态破坏。她用生态学的原理，分析了化学杀虫剂对脆弱的、人类赖以生存的生态系统带来的危害。人类制造的毒药，将使得春天变得安静，然后，永远没有了春天。因为这本书，1972年，美国立法禁止将DDT用于农业。

DDT就是我们熟悉的"滴滴涕"，毒性大，会致癌。

我有时想，我们吃的粮食，到底是一种生物呢，还是生物与化学物质的混合？我们的许多土地，已经被化学品杀死了。土地是有生命的。如果连土地都死了，谁又能生长其上呢？

动物在灭绝，植物在灭绝，土地在死亡。白色的垃圾漂满了海洋，鱼儿不懂，拿它们当食物。然后成批地死亡。据说，大海中垃圾的数量，很快就要超过鱼类的总和。抬起头来，我们已经看不到明朗的天空。而气候，正在变得越来越极端。

这就是地球的处境。

幸好，此刻的春天还热闹，牧神还有地方放牧，羊还在山坡上读着青草。这一幕，在喧闹的巴黎中央，显得有点怪异，有点天真。这是人们对于未来，痛心的担忧和忧伤的希望。如果我们能意识到其中的美好，也许，我们就能留住春天。

我希望我的这本书，能够像那两只在城里的山坡上吃草的山羊，让我们看到现实的惨痛，同时用自己的心力，开垦出哪怕一小片洁净安详、充满生机的田地，这是我们立足的地方，这是我们走向未来的起点。

申赋渔

2019.3.19　于巴黎

序二

　　每一个物种的人为灭绝，都是一面镜子。照见的，不只是人类对自然界霸道地侵占，还有强势民族对弱势民族的残酷奴役。每一个物种与民族的消失，影响都如水波，扩散到生物链的其他环节。人们当时意识不到，疼痛却绵延至今，并将波及未来。

　　本书叙述了几十种已经灭绝和濒临灭绝的动物的命运。它们曾经是地球上绚丽而热闹的一群，可惜，如今我们的孩子已无法目睹它们生命的欢畅。

　　而在人类童年时期，曾经恣意生长的多元民族文化，也与动物伙伴一起，渐渐从文明起来的人们眼前淡出。这种文明，究竟是怎样的文明？

　　合上书本后，但愿每个人都会问一下自己，我们的作为曾经给地球带来怎样的伤痛？我们有没有为一时的利益而透支我们的未来？

　　每一个物种的消失，都是人类走向孤独的脚步。没有了它们的陪伴，我们能走多远？

AS DEAD

—— 1 ——

逝 者 如 渡 渡

AS A DODO

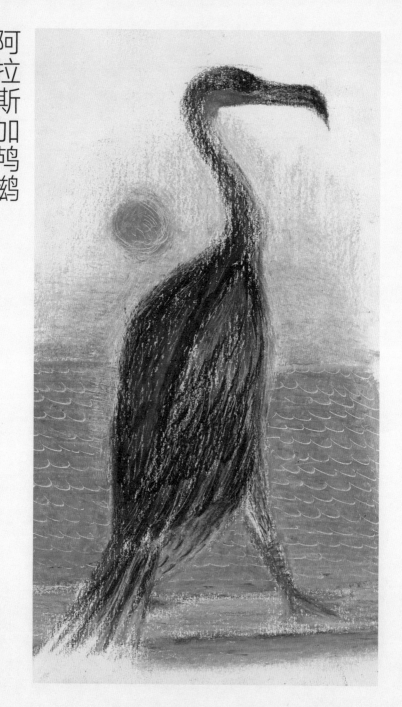

1741 年，北极。

白令招呼水手们把船靠上小岛的时候，一排黑色的鸬鹚站在陡峭的悬崖上，像一群黑色的巫女，一动不动地朝着他们张望。白令顿时有了一种不祥的预兆。

果然，刚刚上岛，就遭到古怪的兰狐的袭击，十多名水手不幸丧生，兰狐很快被赶跑了。可是恶劣的天气，逼迫着探险队必须留在这个荒凉的小岛上，等待冬天过去。

水手们很快就发现，鸬鹚并不像远眺时那样的神秘阴郁。它沉重而笨拙，不会飞翔，常常钻到水下去追逐鱼虾，或者像个巫师般蹲在岩石上守候食物的到来。鸬鹚对人毫无戒心，白令常常跟它们嬉戏玩耍，用以打发北极漫长无边的冬日。由于他几个月前对阿拉斯加的伟大发现，随行探险的自然学家乔治·斯特拉建议把这种鸟叫作"阿拉斯加鸬鹚"。

维特斯·白令没有熬到冬季的结束，1741 年 12 月 19 日，白令死在岛上。后来，人们把这座岛叫作白令岛，把这片海叫作白令海，把他发现的亚美之间的海峡，命名为白令海峡。幸存的乔治·斯特拉从白令岛带回了 6 只鸬鹚的标本和两副骨架，不幸的是他竟成为唯一见到这种鸟的自然学家。

阿拉斯加鸬鹚被发现不久，爱斯基摩人就闯到了白令岛。这种不会飞的大鸟，因为它们鲜嫩的肉质和漂亮的羽毛，使爱斯基摩人喜出望外。他们疯狂捕杀。直到 1850 年，阿拉斯加鸬鹚在白令岛灭绝，他们才悻悻离去。

黄皮肤、黑头发的爱斯基摩人，据说基因接近我国的西藏人。"爱斯基摩人"是他们史上的宿敌印第安人对他们的称呼，意思是"吃生肉的人"，他们不喜欢这个名字。他们是只凭一叶小舟和一根鱼叉就能捕杀鲸鱼，靠一根梭镖就能搏杀北极熊的人，所以，他们自称"因纽特人"，意思是"真正的人"。

对于他们的骁勇，从白令岛归来的乔治·斯特拉也有记载："他们用像巨锚一样的铁钩深深扎入海牛的皮肉中，然后将奋力抵抗的海牛拖上岸。受到重创的海牛，即使前肢被砍，血流如注，可仍在挣扎。它的叹息与呼喊是沉闷的。雌性被钩住，雄性不顾人们的痛击，拼命把绳子往水里按或用尾部拍打铁钩，试图解救同伴。第二天，我看见那只雄性海牛悲哀地呆立在已被人们肢解的雌海牛的身边。人们每捕杀4只海牛，往往就有1只被拖上岸却又被无谓地遗弃掉。"

对于岛上的海牛来说，这些"真正的人"，却让它们遭受了灭顶之灾。

在黄昏的余晖中，海牛常常会浮出水面，头上披着长长的水草，用鳍怀抱着孩子，半躺着，露出跟人一样的乳房哺乳孩子。远远看去，俨然是动人的长发美女。也因此，"美人鱼"的传说才流行各地。

这种后来被命名为斯特拉海牛的"美人鱼"，仅仅在被乔治发现26年之后，就被捕杀殆尽，永远地从地球上消失了。

有专家预测，爱斯基摩人偏爱的猎物北极熊也将在本世纪消亡。使它灭绝的凶手并不仅仅是爱斯基摩人，还有"地球变暖"。海上漂浮的冰块是北极熊觅食、交配的场所。可是随着北极气温的升高，无冰季延长，找不到食物的北极熊，竟把目光投向了自己的伙伴，开始吞食同类。如今，爱斯基摩人即使偶尔还能捕捉到北极熊，却发现它们也已经变得瘦弱无力，饥肠辘辘。

地球变暖，终将使北极熊走向灭亡，同时也给爱斯基摩人带来最可怕的灾难。如今，阿拉斯加的爱斯基摩人正被迫离开家园。30年里，这里的气温升高了4℃，冰川融化了，上涨的海水渐渐淹没了他们的村庄。

1741年，白令的发现使俄国拥有了阿拉斯加。1867

年，美国又以 720 万美元的低价从沙皇手中买到了这片一百五十多万平方千米的土地。现在，美国最大的两个油田就在阿拉斯加。失去了家园的爱斯基摩人，迁居需要 3 亿英镑，可是美国政府不愿承担，只肯把村民们安置到不同的城镇。

当爱斯基摩人失去家园，分散而居，他们的冰屋、狗拉雪橇、海豹皮做成的小船尤米安克将不复存在，他们一万年来在北极这个寒冷之地形成的独特文化也将由此消失。一个民族文化的消失，同时也就意味着这个民族开始消亡。

而此时，距离阿拉斯加鸬鹚的灭绝才 157 年。

后来，人们把"Stool Pigeon"叫作"告密者"。

不，它不是。

1914 年 9 月 1 日，美国所有的新闻电台都报道了这样一则消息：玛莎于当日下午 1 时，在辛辛那提动物园去世。玛莎是地球上最后一只旅鸽。

当旅鸽灭绝之后，人们常常会怀着怨恨之情提起俄亥俄州派克镇的那个小男孩，是他在 1900 年 3 月 24 日这一天，射下了天空中最后那只野生的旅鸽。终于醒悟的人们，试图将幸存在动物园里的旅鸽进行培育。可是，失去了蓝天的旅鸽，已经失去了一切。1909 年，剩下最后 3 只。1914 年，剩下最后 1 只——人们守在鸟笼外，绝望地看着它死去。

谁又能相信，旅鸽，曾经是地球上数目最多的鸟儿呢。

仅仅 100 年，漫长，却又如此短暂。

那是 1813 年一个寻常的午后，天空中传来一阵巨大而杂乱的鸣叫，奥杜邦先生抬起头来：庞大的鸟群，慢慢地遮盖了北美森林的上空，阳光不见了，大地一片昏暗。1.6 千米宽的鸽群，在奥杜邦先生的头顶，飞了三天。这位当时最有名的鸟类学家预言："旅鸽，是绝不会被人类消灭的。"

这时美洲大陆的旅鸽多达 50 亿只，是当时人类总数的 5.5 倍。

可是，欧洲人来了。

我简直不能复述他们施于旅鸽的酷刑。他们焚烧草地，或者在草根下焚烧硫磺，让飞过上空的鸽子窒息而死。他们甚至坐着火车去追赶鸽群。枪杀、炮轰、放毒、网捕、火药炸……他们采用丰富的想象力所能想出的一切手段，他们无所不用其极。被捕杀的旅鸽不仅用来食用，还用来喂猪，甚至仅仅是为了取乐。曾经，一个射击俱乐部一周就射杀了5万只旅鸽，有人一天便射杀了500只。他们把这些罪恶一一记录下来——那是他们比赛的成绩。

甚至有人想出这样的方法——把一只旅鸽的眼睛缝上，绑在树枝上，张开罗网。它的同伴们闻讯赶来，于是一一落网。有时候，一次就能捉到上千只。这个方法一定传播得很广，因为他们甚至为那只不幸的旅鸽单独创造了一个名词——"媒鸽"（Stool Pigeon）。

"媒鸽"，就是"告密者"最初的称呼。人们这么称呼这些可怜的鸟儿，因为其总能招徕更多的落网者——这种毫无心肝的称呼，竟来自最富情感的人类。

1878年，除了密歇根州，美洲已经看不到成群的旅鸽了。人们都清楚这一点，可是密歇根州的枪声从未停止。这一年，密歇根州人为了6万美元的利润，就在靠近佩托斯奇的旅鸽筑巢地，捕杀了300万只旅鸽。两年之后，曾经可以遮盖整个天空的鸟群，只剩数千只了。1914年，第一次世界大战爆发，当人类忙于相互屠杀时，世界上最后的旅鸽死在了它的笼子里。

灰色的后背，似乎还有些发蓝，鲜红的胸脯，像一团火在燃烧，绚丽迷人的玛莎，站在美国华盛顿国家自然历史博物馆的一根树枝上，长长的嘴，尖尖的尾，展翅欲飞。可是，它再也不能动，不能吃，不能鸣叫了。

懊丧的美国人为旅鸽立起了纪念碑，上面写着："旅鸽，是因为人类的贪婪和自私而灭绝的。"

纪念碑只是一块冰冷的石头。近百年来，在人类干预下的物种灭绝比自然灭绝速度快了1000倍。全世界每天有75个物种灭绝，每小时有3个物种灭绝。很多物种还没来得及被科学家描述就已经从地球上永远地消失了。

在旅鸽纪念碑下，环境伦理学大师利奥波德哀伤地叹息道："那些在年轻时曾被一阵活生生的风摇动的树仍然活着，但是几十年后，只有最老的栎树还记得这些鸟，而最后，只有沙丘认识它们。"

1681 年，毛里求斯。

清晨 7 点，天已经大亮。然而罗德里格斯岛上的森林里却突然变得可怕的寂静，所有的小动物们都屏住了呼吸。

渡渡鸟抬起头，不远处，一个黑洞洞的枪口死死地盯着它。火光一闪，枪响了，世界上最后一只渡渡鸟应声倒下。一只卡尔瓦利亚树果从它的嘴里跌落出来，滚到一边。

法国军士托马斯·哈代把渡渡鸟挂在双筒来复枪上，吹着口哨回到驻地。托马斯先生对当天的晚餐很满意。

1505 年，葡萄牙一个名叫马卡云拿的航海家惊喜地踏上了毛里求斯海滩，成群的渡渡鸟迎上前来，过分热情地表达着它们对人类的亲昵。随后而来的人们，很快就发现这种肥硕可爱、温驯笨拙的鸟儿居然美味可口，而且，只要用大棒就能轻易打中。因为在这个安详平静的岛屿上，渡渡鸟几乎没有天敌，它的翅膀退化了，它不会飞，也跑不快。在葡萄牙人看来，这是很可笑的。于是给它取名"渡渡"，葡萄牙语的意思就是"笨笨"。

荷兰人、法国人、英国人接踵而至，渡渡鸟被一盘盘端上餐桌。渡渡鸟苦苦支撑到1681年的这个清晨，一声枪响过后，渡渡鸟倒在巨大的卡尔瓦利亚树下。卡尔瓦利亚树从高空悲伤地注视着这一切。

不知道为什么，当天晚上，托马斯先生并没有啃掉这只渡渡鸟的头。残存的鸟头，如今被收藏在牛津大学自然历史博物馆。刘易斯·卡罗尔先生在博物馆见到了这只风干的鸟头，于是他在《爱丽丝漫游仙境》中写道："渡渡鸟坐下来，用一个指头撑着前额想了好长时间，就像照片上莎士比亚的那种姿态……"

渡渡鸟死了。目睹悲剧的卡尔瓦利亚树不再有种子发芽。这种可以长到30米高的巨树，像是要为渡渡鸟殉情。人类对此毫无感知。他们只在意它质地坚硬、纹理细密，他们拼命砍伐。300年后，遍布全岛的森林之王，仅仅剩下13棵。

1981年，美国生态学家坦普尔来到毛里求斯。他终于发现，濒临灭绝的卡尔瓦利亚树与已经灭绝的渡渡鸟之间，有着神秘的关联。

卡尔瓦利亚树的种子外面，包裹着一层坚硬的外壳，它无法自己冲破，必须被渡渡鸟吃下去，再排出体外，种子的外壳被磨薄了，才能发芽、生长。而且，只有渡渡鸟吃它。所以，渡渡鸟死了，它就不能新生。

坦普尔把与渡渡鸟习性相似的火鸡整整饿了一周，强迫它吃下卡尔瓦利亚树坚硬的果实。种子被排出体外，坦普尔教授小心地把它种进苗圃，不久，苗圃里长出绿绿的嫩芽——卡尔瓦利亚树惊奇地发现，人类居然帮助了它，而不再谋害它。

渡渡鸟的灭绝，是工业文明大规模灭绝地球物种的开始。人们当时漫不经心，后来却深深地感觉到了它的疼痛。"逝者如渡渡"，如今已成了西方一个流传甚广的谚语。人们用它来比喻失去了的一切，将不再回来。

为了这个纠缠至深的伤痛，一些科学家耗尽心血，要让渡渡鸟复活。库珀博士已经从渡渡鸟残留的标本中提取到了仍带有活性的DNA。而就在不久前，地质学家里耶斯迪耶克和他的同事们，在毛里求斯的一个甘蔗园里找到了更多的渡渡鸟的完整骨架。他说他将取得更为优良的样本。然而，时间无法倒流，三百多年来，已经灭绝了的数百种鸟类，有多少还能重回天空？它们一去不返，绝大部分，连一片羽毛都没留下。

自然界环环相扣，一个环节的缺失，会导致怎样的连锁性灾难的发生？对此人类相当无知。了解到渡渡鸟与卡尔瓦利亚树命运相连，只是一个偶然。我们不知道，因为人类的贪婪，自然界中，有多少悲剧已经上演，多少悲剧正在上演。

一枚重达 9 千克的巨大鸟卵，静静地躺在西澳大利亚博物馆。确凿地表明，世界上巨大的鸟果然存在，不是传说。

中国人一直相信世上有一种神奇的大鸟。庄子在《逍遥游》里说："鹏之背，不知其几千里也；怒而飞，其翼若垂天之云。"民族英雄岳飞字鹏举，传说是佛祖座前大鹏鸟转世。典籍与传说，让我们对这样一种大鸟，充满着神往与期待。即使皇帝也不例外。

有人曾经告诉元世祖忽必烈，在远离中国的一座大岛上，有一种鹏鸟，"状似鹰隼，体形硕大，可以扑住大象，将其举至高空扔下，摔为肉泥，慢慢享用。"这种鸟展开双翼有 20 多米宽，一根羽毛长达 9 米。忽必烈当即命人远赴重洋去看个究竟。

据马可·波罗记载，使者们不辱使命，果然带回了一根长达数米的羽毛，粗大的羽管要两只手掌才能握住。事实上，使者们从马达加斯加岛上带回来的羽毛，来自一种名叫隆鸟的鸟。隆鸟，又叫大象鸟，身高 4 米，几乎是两层楼高，足足有 450 千克重。它不会飞，翅膀也退化了，腿却短而有力，以水果和树叶为食。很显然，它是不可能把大象举至空中再摔为肉泥的，更不会再"慢慢享用"。

这群身材巨大然而性格憨厚的素食者，在 17 世纪终于走到了生命的尽头。马达加斯加的人口渐渐膨胀，大片的森林被开垦成农田。隆鸟飞奔而逃的脚步追赶不上迅速消失的森林，它们颠沛流离，一批批饿死在逃亡的途中。一些逃无可逃的隆鸟，在饥饿的驱使下，不得不到农田中去觅食。庄稼受损，使土著勃然大怒，他们忘了正是自己的掠夺才让其他生物无处藏身、无法果腹。他们强横地把隆鸟称为"害鸟"，然后大开杀戒。人们不仅宰杀成年的隆鸟，甚至不放过幼鸟和鸟蛋。他们用隆鸟的腿骨做成项链，用蛋壳做酒缸，用羽毛装饰身体。

1649 年，马达加斯加土著完全不必担心隆鸟来糟蹋他们的庄稼了，他们把最后一只隆鸟也杀死了。

灭绝的生物，绝大部分就这样湮没在时光的黑暗中，永不再醒来。然而也有一些，在深埋的土地中变作化石，在某一天，它会提醒人们，它曾经存在。

20 世纪初，人们从马达加斯加挖出了隆鸟的化石。出人意料的是，在隆鸟化石的脚骨上，竟然戴着青铜脚环，脚环上刻满了种种神秘的符号和图案，而这些符号却与马达加斯加文化毫无关系。

正当人们迷惑不解时，印度考古学家班纳吉在印度河流域文明发源地发现了一座死亡之城——摩享佐达罗城。这座城市规模宏大，有着宽阔的街道、完整的排水系统和精致的水井。城内有大浴池、大粮仓、大会议厅等公共建筑。废墟中还掩埋着各种生产用具、陶器、青铜器、雕塑、绘图和骨刻。人们在出土的两千多枚印章上，发现刻着四百多个奇怪的符号与图案。这些无人能识的字符，竟与隆鸟脚环上的符号完全相符。这座繁华、喧闹、美丽的城市，三千六百多年前的某一天，突然毁灭，全城居民几乎在同一时刻全部死去。经科学家考察，古城竟毁灭于一次相当于核爆炸的大爆炸。可是，3600 年前，怎会有核弹？

青铜器时代的印度人，怎么会在万里之外的隆鸟脚上套上脚环，脚环上这些神秘字符，会不会掩藏着他们的死亡之谜？

也许，只有隆鸟知道这一切。可是隆鸟已经灭绝，那枚博物馆中的化石蛋，是它留给我们的最后遗物。人们用 CT 技术，细细观察它，竟发现其中有一个胚胎，隐约还能看到它的腿、爪和喙。可是，不会有小鸟破壳而出了，它们带着所有的秘密，在黑暗中沉默。

21 世纪的今天，父母们告诉孩子：世界上最宝贵的是生命。生命教育是基础教育之基础。也许，还应该告诉孩子们的是：最宝贵的，不独是人类自身的生命，还有与我们同在地球上的其他伙伴。因为它们的生命，同样只有一次，消失了，再不能回来。

人类早在 1900 年，便宣布生活在墨西哥的瓜达卢佩美洲鹰已经灭绝，而在一百多年后的今天，美国的鸟类学家忽然又在南美的安第斯山脉，发现了它的踪迹。鸟类学家们采用先进的科技，很快就揭开了美洲鹰重生的秘密。面对这个秘密，人们不禁深感惊讶：美洲鹰的命运，竟与它们的邻居墨西哥人有着某种相似。

这种庞大的巨鹰，生活在墨西哥的瓜达卢佩岛。它们保留着祖先的身材，因为没有天敌，几乎一直没有进化，它展开的双翼，有三米多长。当地人称它为瓜达卢佩大鹰。

在西班牙人到来之前，墨西哥相当平静，瓜达卢佩大鹰也是无忧无虑。一切都在 1521 年 8 月 13 日这一天发生了改变。印第安王国阿兹特克的最后一位国王夸得莫克，在墨西哥的特拉特洛尔科广场战败被俘。墨西哥沦为西班牙殖民地。

在欧洲移民向殖民地蜂拥而至的同时，传教士们也纷至沓来。然而从 1521 年到 1531 年的 10 年间，传教士们辛勤工作，却收效甚微。很少有印第安人改变他们的信仰。转机发生在 1531 年 12 月，人们传说着，圣母玛利亚在一个印第安青年身上显灵了。西班牙神父灵机一动，把"显灵"的玛利亚圣母改成了印第安人习惯的名字——瓜达卢佩圣母，把圣母的肤色，也改成褐色。他们为圣母盖起了教堂，同时宣布，每年的 12 月 12 日为瓜达卢佩圣母节。宗教为适应环境做出的改变，取得了出人意料的收获。仅七年不到，就有数百万印第安人改信天主教。

当 1700 年，牧羊人第一次把他们的羊群赶上瓜达卢

佩岛时，瓜达卢
佩大鹰就成了他们
的死对头。事实上，大
鹰们一般只吃小鸟、昆虫
或者鸟蛋，但牧羊人不这么
看。这么大的鹰，总是在羊群
的上空盘旋，显然不怀好意。于
是枪杀、投毒，无所不用其极。到
1897年，终于有一个渔民宣称他已经捕捉
到了最后一只瓜达卢佩大鹰。

　　对这只大鹰，渔民要了150美元的高价。买者拒
绝了。愤怒的渔民砍掉了大鹰的翅膀，然后恨恨地把它扔
进了大海。

　　3年后，又有一位收藏家宣布，他看到了一群瓜达卢
佩大鹰："1900年12月1日下午，一群美洲鹰向这边飞来。
11只中，有9只被留了下来。"

　　显然，收藏家在炫耀他的枪法。此后，鸟类学家不得
不绝望地宣布，瓜达卢佩大鹰已于1900年灭绝。

　　我们无从证实，一百多年后的今天，鸟类学家在安第
斯山脉发现的美洲鹰，是否就是瓜达卢佩岛上逃脱枪杀的
这两只大鹰的后代。不过，这已无关紧要，毕竟美洲鹰已
经"重生"。

　　美洲鹰栖身的岩洞，石片犬牙交错，锋利如刀，最狭
窄之处，只有0.5英尺。人类无从接近，就是一般鸟类也
无法在此飞行，庞大的美洲鹰又怎能穿行其间？发现它的

阿·史蒂文先生经过试验，发现大鹰在石缝间穿行之时，双翅紧贴腹下，双脚伸向尾部，身体能够陡然缩小。而因为练习这项本领，每只美洲鹰的身上，都结满了大大小小的血痂。

它们改变了自己，虽然过程充满痛苦。这就是它们能够生存至今的原因。

如果说美洲鹰带血的改变令人喟叹的话，墨西哥人的改变，就是令人震撼了。1521年，科尔特斯率领西班牙远征军攻陷墨西哥，并在4年后，绞死了27岁的夸得莫克。其后不长的时间里，墨西哥的人口便从1500万急剧下降到300万。

300年过去，1821年，墨西哥获得独立。300年中，西班牙移民及其后裔与印第安人以及来自非洲的黑人，经过一代又一代的通婚、融合、混血，逐渐形成了一个以印欧混血人种，即梅斯蒂索人为基本核心的新的民族。如今90%的墨西哥人，是印欧混血人种，89%的墨西哥人，笃信天主教。

墨西哥土著在面对异族的枪炮与宗教入侵时，他们挣扎、妥协、适应——哪怕是痛苦的适应，这是许多生物最终留下血脉的生存哲学。

正如墨西哥三文化广场上那块纪念碑上所说：

"1521 年 8 月 13 日，夸得莫克曾英勇保卫过的特拉特洛尔科陷入科尔特斯手中。这不是失败，也不是胜利，而是一个梅斯蒂索民族痛苦的诞生，这就是今天的墨西哥。"

"既含睇兮又宜笑，子慕予兮善窈窕。乘赤豹兮从文理，辛夷车兮结桂旗。"《九歌·山鬼》里，诗人屈原伤感地说道，赴约的巫山女神，因为道路既阻且险，虽然所乘赤豹奔跑如飞，还是迟到了，还是没有见着心上人。后来，多情的神女，还有那只赤豹，成了历代画家的宠爱。

我们不知道，屈原所说的那只赤豹，是怎样的物种，不过后世的画家们，总是把它画成金钱豹。我想，在1948年亚洲猎豹灭绝之前，恐怕中国就少有人见过它。要是人们见过它，他们一定会认为，如此瑰丽、奇诡的画面，只有猎豹才是神女的理想坐骑。元代大书画家赵孟頫就是这么想的。他在《九歌图册》中，就把赤豹画成了这样一头敏捷优雅的猎豹。

他是见过猎豹的。那个召他来到元大都的皇帝忽必烈，是个猎豹爱好者。他常常用马车驮了一群猎豹，运到猎场，除去它们的头套，然后兴奋地享受着猎豹追捕猎物的速度。

猎豹之所以要用马车，或者别的什么驮到狩猎场，是为了节省它的体力。猎豹可以在2秒钟内，从静止、起跑而达到70千米的时速，继而在数百米之内达到110千米。如果它不仅有速度，更有耐力，恐怕它的猎物很快就会灭种。幸而造化总是和谐而平衡。猎豹高速奔跑，会产生巨大的热量，热量不能很快排出，时间一长，身体过分发热，它就会虚脱。所以，它在奔跑几百米之后，就不得不减速。于是，在它捉到猎物之后，常常会累得没有力气撕咬吞咽，它得休息片刻。这时候，就会有狮子、恶狼或者人来抢夺它的食物。非洲的马塞族人就是这么干的。他们用长矛抢下猎豹的猎物，拿去喂狗。可怜的猎豹只得重新捕猎，但是，如果它连续 5 次捕猎不成功，或者猎物被抢走，它就可能活活饿死。它没有力气了。

我们常常能在电影里看到，埃及女王的寝宫或者欧洲君主的殿堂，常常会徜徉着一两只忧伤的猎豹。那是真的。5000 年前，人们就开始把它们关起来，豢养成坐骑、猎犬或者宠物。印度莫卧尔王朝的阿卡巴大帝甚至一下子就

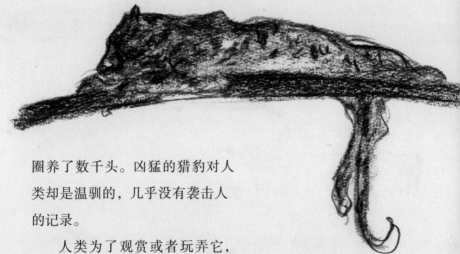

圈养了数千头。凶猛的猎豹对人
类却是温驯的，几乎没有袭击人
的记录。

　　人类为了观赏或者玩弄它，
从古至今，一直没有停止捕捉。可
是在捕捉了之后，人们惊讶地发现，豢养
中的猎豹，竟然拒绝繁殖。那位阿卡巴大帝动物园里的几
千头猎豹，只有一头繁殖了后代。不知道，猎豹是否在用
这种方式，发出对失去自由的抗议。所以，人们要得到它，
就必须一次次地去野外捕捉。人们显然乐此不疲，猎豹的
这种"非暴力，不合作"的态度，只能使它的种族不断萎缩。

　　最后的亚洲猎豹是 3 只幼豹，它们在印度中央邦的巴
斯特被人猎杀，时间是 1948 年。它们再也不会长大，它
们的种族就此消失。

　　"不合作"，曾经使被英国殖民统治了 200 年的印度人
获得了独立，而被人称为"印度豹"的亚洲猎豹，却因为
"不合作"，而最终灭绝。

最后一只袋狼被关押在澳大利亚的霍巴特动物园。1936年一个炎热的夏日，这只名叫"本杰明"的袋狼，拖着一条瘸腿，在白花花的太阳底下，走来走去，可是没有一块树荫。饲养员无影无踪，或许他认为，动物们就应该能够忍受这样的煎熬。事实上，世界上无数的动物，就是这样在动物园的铁栅栏内默默忍受的。衰弱的"本杰明"终于倒了下来，太阳烤干了它身上的最后一滴水。

地球上最后一只袋狼，就这样，被太阳活活晒死了。

人们后来才意识到，这是一种多么神奇美丽的动物。袋狼的头和牙长得和狼一样，身上有着像老虎一样的条纹。它可以像鬣狗一样用四条腿奔跑，也能像袋鼠那样用后腿跳跃而行。自然，它的肚子上还有一个育儿袋。小袋狼必须在妈妈的袋子里待上三个月。

袋狼和土著，一直在与世隔绝的澳大利亚塔斯马尼亚岛上享受着自己的和平和悠闲。土著们过着相当原始的生活，用石头、贝壳制作工具，以野果、袋鼠、草根为食，漂泊不定，却自由自在。然而，随着英国人的到来，塔斯马尼亚永远失去了它的宁静。

1803年，英国人宣布这块土地为他们所有，并把这里变为监狱，开始向这个世外桃源运送最凶残的罪犯。

事实上，从接下来所发生的一切来看，最为凶残的，其实不是那些远途而来的罪犯，而是这里的总督乔治·阿瑟。

阿瑟总督对他所统管的殖民者们发布命令：活捉一名土著成人奖励5英镑，一个孩子奖励2英镑。

英国人到来之前，塔斯马尼亚岛上的土著有6000到

10000 人，在阿瑟总督发出了屠杀令之后，土著很快就减少到 2000 人。可是总督先生很不满意，他的目标是一个不剩。这一次，他派出了 5000 名士兵和囚犯，对土著进行最后的清剿。1832 年，塔斯马尼亚岛的土著只剩下了不到两百人的老弱病残。阿瑟先生仍不放手，他下令将他们全部赶到一个名叫弗林得斯的狭长小岛上，让他们在这片沼泽与荒原中自生自灭。

塔斯马尼亚的历史上记载着这样一个故事：一个白人殖民者杀死了一个土著男人，抢走了他的妻子。他把男人的头割了下来，挂在死者妻子的脖子上，然后让她唱歌跳舞，强装欢颜，不许有丝毫悲伤的表情。

塔斯马尼亚岛的最后一个土著男子死于 1869 年。最后一个女子名叫特鲁格尼尼，她知道自己是他们民族的最后一人，她向常常来"探望"她的英国人恳求，在她死后，请不要解剖她的尸体。1876 年，当她刚刚死去，英国人就迅速掏出了手术刀。解剖之后，英国人把她的骨骼陈列在澳大利亚的霍巴特博物馆。

袋狼的灭绝，与土著的灭绝颇为相似。塔斯马尼亚岛上的新居民——是的，土著已经灭绝，士兵和囚犯，还有移民的后代成为这里新的主人。他们宣布袋狼为"杀羊魔"，然后，像他们的父辈一样，用悬赏的方法，诱惑人们对袋狼大开杀戒。在袋狼灭绝之后，野狗成为这里新的动物"霸主"，人们才恍然大悟，错怪了袋狼。野狗才是羊群真正的杀手。

然而，袋狼却已无法复生。澳洲最大的食肉动物的灭绝，导致食草动物泛滥失控，人们所重视的畜牧业一蹶不振。有人开始怀念袋狼。1966 年，他们心情复杂地在塔斯马尼亚岛的西南设立了一个袋狼保护区，保护着已经不存在的袋狼。

因为无法忘怀，1999 年，澳大利亚科学家宣布，他们要克隆一只袋狼。多年来，我们间或听到发现袋狼或者克隆袋狼的消息，可这都只是传说，袋狼再也没有出现。

负责克隆研究的科学家之一、澳大利亚博物馆馆长阿切尔说："袋狼是澳洲的标志动物，却因澳洲人而灭绝，这让我们深有负罪感，我们必须卸掉这个愧疚的包袱。"

在科学家们苦苦寻觅克隆之法时，那个灭绝塔斯马尼亚土著的起点——亚瑟港监狱，已经成为澳大利亚最富神秘色彩、接待游客最多的旅游景点。不过，人们到这里来，不是为了怀念曾经的土著，而是为了感受监狱的恐怖。

中国犀牛还没有灭绝的时候，人们就一直传说着独角兽的故事，人类对于独角兽，似乎怀着一种特别的痴迷。

在中世纪欧洲的传说中，独角兽是一匹雪白的小马，额上长着一支有魔力的长角。它居住在森林中，性格温驯谦和，走路时会小心地避开绽放着的花朵。它虽然力大无穷，可是却会被纯洁少女的体香所迷惑。当少女来到森林之中，它会走出来，把头枕在她的膝盖上，安然睡去。这时，少女就会野蛮地斫下它的长角。这是捕获独角兽的唯一办法。

传说中的中国独角兽，最著名的就是麒麟了。独角长在它的头中间，肉质，颇具灵异。与西方的独角兽一样，它走路时相当小心，不肯踩死一只昆虫或一棵小草。中国人把它当成预示祥瑞的神兽。孔子诞生的那天，它就曾经衔着一本玉书前来祝贺。鲁哀公十四年，它又被一个车夫捕获，孔子认出了它，不禁泪流满面，叹息说："吾道穷矣！"于是掷笔停止了《春秋》的写作，并在两年后去世。

替舜帝执掌刑法的皋陶，有一头独角兽，叫作獬豸。诉讼时，它会用角指向无理的一方，甚至会将罪该处死的人抵死。对于奸邪的官员，它会用角将其撞倒，然后吃下肚去。所以，后来执法者的帽子上，总要画上它，表明自己的公正。

中国人对待传说中的独角兽，不但不会像西方人那样去砍角食肉，而且颇为敬重。所以我们在绘画、雕刻和建筑上，能屡屡看到它们可亲的形象。可是对待我们身旁活生生的独角兽，那就是另一回事了。中国人手段之毒辣，

是完全不亚于那散发着幽香的"纯洁"少女的。

独角的犀牛们，是一种有一吨多重的庞然大物，可是竟也有着传说中独角兽的那种羞涩与胆怯。它从不会对人主动发起攻击，只有当它陷入困境时，它才会举起独角，这时，狮子、老虎都会退让三分。然而，它这最好的防身利器，却为它招来了最大的杀身之祸。贪婪的人们过分地渲染了犀牛角治病的功效，并且相信用它做成的酒杯有着解毒的妙用。而犀牛角做成的工艺品，更是得到一些人变态的追捧。4个世纪前，英国国王查理五世用两只犀牛角，偿还了相当于100万美元的债务。纽约的一次拍卖会上，一件清朝康熙犀角杯竟卖出1850万元的天价。高昂的价格，折射出犀牛最终的宿命。

唐朝时，湖南、湖北、广东、广西、四川、贵州甚至青海，都有犀牛，而到了明朝，就只有贵州、云南有了。清朝时，南方各省官员禁止民间捕猎犀牛，专由官府捕猎，他们出动上千的官兵，对犀牛狂捕滥杀。他们努力用犀牛角，向上司和皇上换取更好的官位。

在1900年后，他们砍下了三百多支犀牛角进贡给了朝廷。这是中国最后一批犀牛。可是，他们即使灭绝了犀牛，也换不到皇帝的恩宠了。1911年，清朝覆灭。

犀牛共有五种，都有着庞大的身体、粗厚如装甲的皮肤，同时长着一个或两个奇怪的角。其中亚洲有三种，分

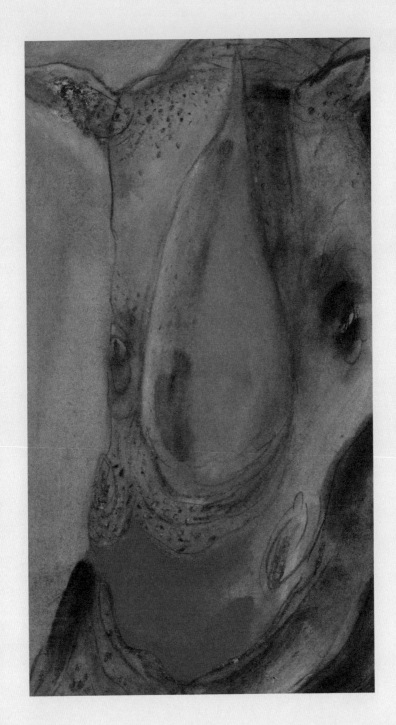

别是独角的印度犀、爪哇犀和双角的苏门答腊犀。非洲有两种，分别是黑犀和白犀，两种都是双角犀。双角犀是在鼻子上纵列生长着两个角，前角长，后角短。独角犀的角长在鼻尖上。

人们把一直生活在中国南方山林中的印度犀、爪哇犀和苏门答腊犀统称为中国犀牛。1916年，最后一头双角苏门答腊犀被捕杀；1920年，最后一头大独角犀（印度犀）被杀；1922年，最后一头小独角犀（爪哇犀）被杀。此后，没人能在中国再看到任何一头犀牛。

中国犀牛消失在20世纪初的中国，当时战争频繁，兵荒马乱，无人在意。相传，麒麟在人类相互残杀和破坏生态时就会隐而不见，在太平盛世，它会重现人间。

可是，犀牛呢？

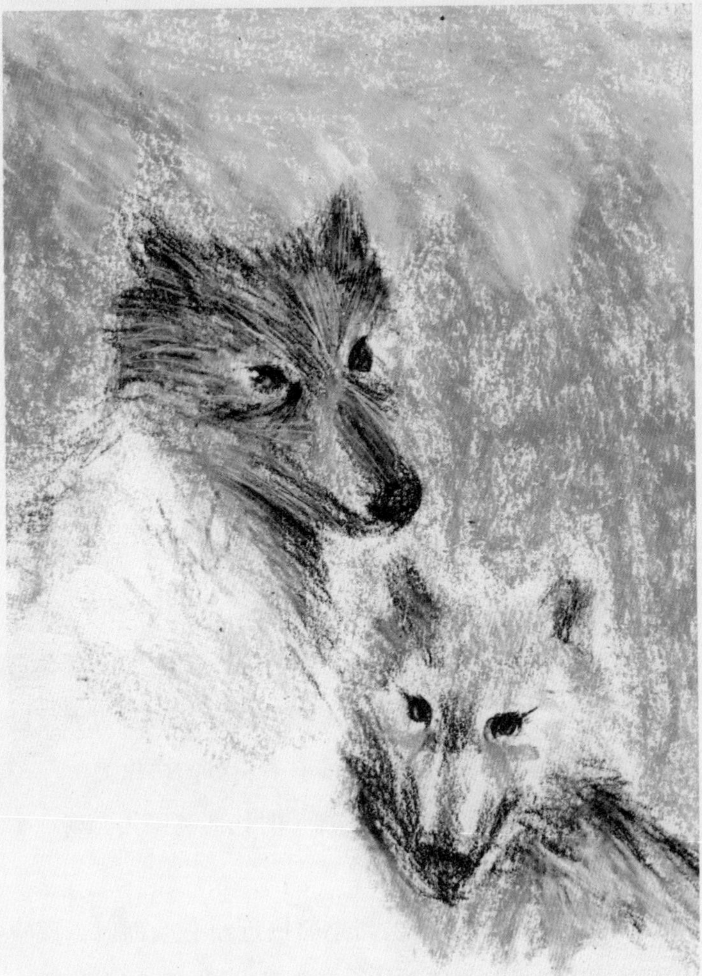

纽芬兰白狼

NEWFOUNDLAND WOLF

泰坦尼克号建成下水的这一年，英国人在纽芬兰岛上枪杀了最后一只白狼。

纽芬兰的冬季漫长无边，厚厚的冰雪覆盖了整个荒原。薄薄的夜色中，一个白色的影子风一样掠过，在冰雪把月光折成碎片的那一瞬，陡然消失——有人把白狼美丽的白和柔美的身段加以诗意的想象，称它为"梦幻之狼"。

这些长达 2 米，重逾 70 千克，令人望而生畏的巨狼，总是成双成对厮守，终身相亲相爱。春夏之季，是它们的繁殖季节，它们把生儿育女的洞穴挖在荒山的裂缝下面，然后在夜色中行走 200 千米去寻找食物。令人惊讶的是，总被人形容成凶恶残暴的狼，却与纽芬兰的土著贝奥图克人和谐共处，千百年来，他们互不敌视，互不干预。于是，纽芬兰白狼又被人称作"贝奥图克狼"。显然，在瑞典著名生物学家埃列克·齐门深入狼群之前，贝奥图克人就已经知晓，狼和大自然和人，其实有着良好的协作关系。

可是英国人却不这么想，那个时代的英国人，满脑子都是屠杀、占领甚至灭绝。

1498 年的那个黄昏，当小船接近纽芬兰岛时，探险家卡伯特明显地觉得船被什么东西阻碍了，船速慢了下来。是鳟鱼，多得数不清的鳟鱼。

纽芬兰的贝奥图克人，完全不理解英国人在他们的土地上插上一面旗帜意味着什么。他们一味热情地拿出海狸皮、水獭皮欢迎着白人们的接踵而至。当欧洲渔民们在纽芬兰的海岸上搭起一排排棚屋，晒鱼干、炼鱼油打算安居乐业时，他们开始抓捕好客的贝奥图克人，当作自己的奴隶。贝奥图克人只得逃离丰饶的渔场，躲进森林，以采集为生。

宣布占领了纽芬兰的英国人，继而颁布法令：杀死一个贝奥图克人，就可以得到若干领地、牲畜和金钱。

1829 年，贝奥图克人消失了。接着，英国人又把目光投向了"贝奥图克狼"。他们再次颁布法令：杀死一头白狼，赏金 5 英镑。白狼聪明坚韧，昼伏夜出，一日可行200 千米，茫茫冰雪完全掩盖了它的行踪。猎杀颇为不易。聪明的英国人采取了一种极为简易的方法。他们在死鹿的身上注射了一种名为"马钱子碱"的可怕毒药。于是大狼、小狼，以及这条生物链上的动物，成批地死去。

1911 年，大自然的杰作纽芬兰白狼，悄无声息地灭绝了。而此时，几乎所有的英国人都在为人类的杰作泰坦

尼克号的下水而欢呼。

最大、最先进、最豪华——上等的柚木和黄铜装饰，吊灯和壁画，印度和波斯的地毯，精美的浮雕以及数目惊人的艺术珍品——在许多细节上模仿了凡尔赛宫的泰坦尼克号，被人们视为工业时代的象征，这时候的西方世界，充满了自信与霸道，他们认为，没有什么是不可以征服的，包括自然。他们傲慢地宣称，这是一条"永不沉没的轮船"。

1912年4月15日，泰坦尼克号在纽芬兰附近撞上冰山，1500余人随之沉入海底。当历史上最大的一次海难发生后，悲伤的人们才明白，人类，并不是自然的主宰。

在纽芬兰附近的大洋深处，岁月的淤泥缓慢地掩埋着泰坦尼克号的残骸，就像在掩埋一个永远无法愈合的伤口。那么，岁月的风雨，又怎能吹去大西洋上空贝奥图克人的啜泣和白狼的哀号？

　　宴会散了，灯一盏盏熄灭，人声渐渐稀落。马达加斯加的黑森林里，不时传来暗哑的鸟叫和不知名的野兽的低噑。送出大门的朋友还在劝说着，要托娃留下来。因为最近一段时间，人们纷纷传言，有个可怕的幽灵，整夜地在森林里游荡。托娃笑笑，不大相信。她挥挥手，一个人朝黑暗里走去。

　　惨淡的月光底下，突然跳出一个黑影，眼睛里闪着绿光，死死盯着托娃，头上的长耳朵还古怪地转动着。托娃大喊一声："幽灵！"怪物一惊，张开嘴，露出四只白生生的长牙，不怀好意地一笑，然后扭过身，拖着蓬松的大尾巴，一跳一跳，袋鼠般钻进森林。托娃哭喊着朝家奔去。远处的森林里，传来那怪物"唉唉"的哭一样的叹息。

　　回到家的托娃，当晚就发起高烧，神志不清。村里的人们惊恐不安，一面在大门贴上驱鬼的纸符，一面拿上武器，四处搜捕。

　　事实上，这个"可怕的幽灵"，是马达加斯加岛上一种名为"指猴"的动物。马达加斯加岛隔着莫桑比克海峡与非洲遥遥相望，因为在大约8800万年前就与大陆分离，所以形成了独特的动植物圈，其中70%都是地球上的特有物种。指猴便是其中之一。这个像是熬夜的松鼠一样的小东西，之所以叫指猴，是因为它有着奇特、不可思议的中指。它的中指细长如铁丝，坚硬灵活，可以随意地转动。一到晚上，指猴便从树顶的小巢中钻出来，开始用它细长的中指，敲击树干，然后贴耳细听。它长长的像蝙蝠一样的耳朵，能够听到树干深处虫子的声响。一旦发现虫子，

它先用门牙咬开树皮，再伸出细长的中指，从洞中挖出它最喜欢的金龟子的幼虫，捏扁，塞进嘴中。

这样一种小东西，性格温和，并替代啄木鸟，在马达加斯加担当着森林卫士的重任。可是它的长相却让人反感。它体黑面灰，嘴巴尖翘如鼠，牙齿暴突，两只圆圆的眼睛在黑夜之中发出幽幽的绿光，如鬼怪般蹦跳而行，加上"唉唉"的有如孩童啼哭般的叫声，让人不寒而栗。当地居民还认为，如果谁被指猴用长长的中指指着，谁就会死去。所以，一旦发现指猴，就要立即打死，而且还得把它的尸体钉在十字路口的木桩上，以期从这里经过的路人会把厄运带走。20世纪初的马达加斯加人相信，只有这样，才能逃避指猴可怕的诅咒。

敏捷而时时设防的指猴，它的自卫能力远远超过其他猴类。当它遭到侵犯时，会激烈争斗，毫不妥协，甚至能发出一种金属刮玻璃似的难听的声音。可是对于人类来说，它是如此渺小，不堪一击。20世纪60年代，指猴消失了。

1960年，摆脱了法国殖民统治的马达加斯加人意识到，必须加强环境和物种的保护。有关部门开始寻找消失了的指猴。直到1966年，人们搜遍全岛，终于找到6只。他们把这最后的指猴放到诺西曼加伯岛，希望它们能够延续种族。

房龙在《宽容》里说道，当原始人被有毒的常青藤刺伤，会认为这是某个幽灵对他的惩罚，他会去向巫师求一张符，来平息幽灵的愤怒。因为无知，原始人在恐惧中求生，在战栗中死去。无知与恐惧，有时竟会滋长出人的残酷。100年前的马达加斯加人也因此对无辜的指猴大开杀戒。可是我们无法嘲笑他们，因为时至今日，当我们面临恐惧之时，依然会同样愚蠢地亮出屠刀。当一种无法命名的肺炎四处传播时，人们开始宰杀果子狸。宠物的主人们，也纷纷把家中的阿猫阿狗丢在街头。因为"禽流感"爆发，人们甚至不放过一只在城市里临时歇脚的小鸟。人们是那样戒备着世界万物，却恰恰没想到，带来灾难的正是人类自己。房龙劝导世人相互宽容，其实人与自然也应相互谅解。

巴基斯坦沙猫

困倦的猫，靠着椅脚打盹的时候，常会含混不清地喃喃自语。老人们就说："又在念经了。"后来看到张岱的《夜航船》，才知道，这倒不是一句没来由的妄语。《夜航船》里说，唐三藏西天取经时，从天竺带回了猫，让它保护经书不被鼠啮。乡下人以讹传讹，倒认为常常出没于藏经阁的猫，竟学会了念经。如同佛教在中国流传绵长，在印度本土却日渐式微。猫在中国繁衍生息之时，它们在印度的远祖，却已近乎灭绝。

这种猫叫巴基斯坦沙猫。巴基斯坦和印度曾是一个国家，受着英国人的统治。到1947年，印巴才根据《蒙巴顿方案》分治。

沙猫一定是花了许多年，才使自己进化成适合在沙漠居住的动物。它毛发浓密，可以抵挡夜间沙漠刺骨的寒冷。它脚爪的肉垫上，长着厚厚的长毛，以免被白天滚烫的沙子烫伤。它的大耳朵，可以在空旷的沙漠中分辨出猎物发出的哪怕细微的声响。鼠、兔、小鸟和蜥蜴都是它追逐的对象。有时候，它还会跟蛇发生战争。沙猫一胎能够生出五六只小猫，可是大部分会被蛇偷偷吃掉。愤怒的大沙猫会用尖利的猫爪，闪电般把蛇拍晕。不过也有时候，蛇会用毒牙将它咬死。生活就是这样残酷。

沙猫有着跟蛇生死搏击的勇气，对人却是奇怪的温驯。沙猫的厄运是从被欧洲人当作宠物开始的。人们到沙漠里成批地将它们捉来，浩荡地送往欧洲甚至非洲的市场。沙猫被家养了，它们毫不反抗，听天由命，可是却不肯繁殖。而且，人类的一种呼吸道疾病，对它是不治之症。就这样，

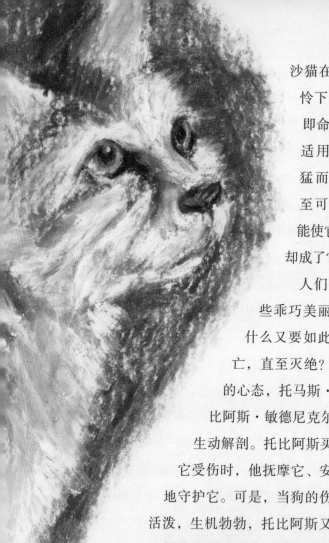

沙猫在人类的呵护与爱怜下日日死去。"性格即命运"，这句话同样适用于沙猫。因为勇猛而坚韧，鹰、蛇甚至可怕的沙漠，都没能使它毁灭，可是温驯，却成了它最致命的杀手。

人们是那么的怜爱这些乖巧美丽的沙猫，可是为什么又要如此无情地让它们死亡，直至灭绝？其实，如此复杂的心态，托马斯·曼早在他的《托比阿斯·敏德尼克尔》一文中就作了生动解剖。托比阿斯买了一条小狗，当它受伤时，他抚摩它、安慰它、寸步不离地守护它。可是，当狗的伤好了，变得健康活泼，生机勃勃，托比阿斯又充满嫉恨，竟然一刀刺进小狗的胸膛。温情与凶残，美好与丑恶，就这样不可思议地交织在一个人的身上。这个看起来卑下、愚拙、可怜的托比阿斯，恰恰正是我们每个人的影子。其实，我们常常是打着爱的幌子，却在伤害着他人，伤害着其他物种。

我们常常看到，在关满了各式各样动物的动物园里，到处写着："给孩子一个亲近自然的窗口"、"爱护动物，从我做起"。人们常常以关爱为名，关押并伤害着动物。它们在人为环境下，习惯豢养，习惯死亡，然后像沙猫一样慢慢走向灭绝。

绝大部分动物的灭绝，都是因为人类破坏了它们的栖息地。而对于沙猫而言，人类对于环境的破坏，只会扩展它们的栖息地——沙漠。可是它们依然难逃灭绝的命运。这到底是对沙猫的嘲讽，还是对人的嘲讽？

　　事实上，日本并不是一个单一民族国家。可是由于他们的一再宣称，几乎很少有人知道阿伊努人的存在，尽管他们比大和人更早地来到这片土地。很久之前，阿伊努人可以在日本纵情奔走，打猎捕鱼，优哉游哉。

　　秋季是大马哈鱼繁殖的季节，它们从大海游向江河，寻找它们的出生地。远离大海的山林深处，缓缓的小河被人用稀落的石块拦住了，留下一些浅浅深深的缺口。守着缺口的是几个披着波浪长发的阿伊努人，他们手握带钩的长杆，静静等待着长途归来的大马哈鱼。

　　太阳还没有下山，阿伊努人收拾了渔具，回家了，大马哈鱼在背上的鱼篓里使劲地扑腾。他们的背影还没有完全地消失，一群矮而小的狼，迅速占据了他们留下的缺口。这群爱吃鱼的狼高不到 35 厘米，长不到 1 米，只在日本生存。人们把它们叫作日本狼，或者倭狼。

　　当阿伊努人回到他们的村落之后，远处的山林中传来群狼长长的嗥叫。阿伊努族人把它们叫作"远方长嗥之神"。他们选一块上好的圆木，剥了皮，用刀在上面刻下狼的图案。他们甚至在山林的深处，建起供奉着倭狼的神社。在传说中，狼是大自然法则的执法者。阿伊努人相信，每一个生灵，都有着自己的守护神。如果尊重它们，它们的神灵也会护佑人类。所以，他们祭狼、祭熊、祭鲑，祭祀的时候，模仿动物，跳起鹿舞、鹤舞、狐舞、孔雀舞，真切表明自己对自然的一片尊崇之心。

　　可是尊重一切生灵的阿伊努族，却受到了同类最为残酷的对待。日本的大和人，在驱赶和迫害他们的同时，甚至不承认他们的存在，声称日本完全是个单一民族的国家。

经过历代的战争，阿伊努人被驱赶到了北海道。如今北海道许多地名都来源于阿伊努语。"札幌"，意为"大的河谷"；"小樽"，意为"砂川"；"名寄"，意为"川流之地"。

到日本明治维新时，阿伊努人遭到了毁灭性打击。政府强令他们离开森林、原野和蔚蓝的大海，搬进贫瘠的"给与地"，让他们成为日本最为贫寒与孤独的一群。日本政府禁止他们使用本民族语言，起本民族的名字，要求他们学说日语。政府还禁止他们从事擅长的打猎、捕鱼，让他们务农。而他们的传统生活方式、风俗习惯和宗教文化也被剥夺殆尽。大和人称他们为"虾夷"族，他们被迫居住的地方被叫作"薯部落"，因为那里又土又穷又粗。阿伊努人忍受着歧视，到大和人开办的渔场、工厂里去做那些没人肯干的脏活、累活，换取低廉的工钱。一些家庭没钱看病，无力抚养孩子，曾发生过生养 10 个孩子只有 1 个孩子生存下来的悲惨之事。现在，日本的阿伊努人只剩下两万多人，会说本族语言的，只剩下 15 个家庭。

那个让日本走向现代化进程的变革，在扼杀阿伊努族的同时，也给日本倭狼带来灭顶之灾。大和人不断地强占狼群的生存之地，狼群步步后退。这一次，大和人没有给倭狼留下一块"给与地"。倭狼的反抗只是袭击家畜，骚扰村庄，极其软弱无力。日本政府宣布倭狼为"偷羊者"，下达悬赏捕捉令。1905 年，最后一只倭狼在奈良县的吉野郡鹫家口被人捕杀。

日本倭狼被灭绝之后，野鹿开始泛滥。日本林业厅公

布,倭狼消失不到百年,已有 4400 公顷的森林消失。此时,
又有人发出呼吁,应该从国外引进狼群。

　　可是狼群在哪里呢?

　　这个世界上,有着多少原始民族,被所谓文明人,以
不文明的方式,驱逐、侮辱、损害着! 而伴随原始民族一
起消亡的,是与他们相伴相生的动物。死亡最为惨烈的,

恰恰是被称为大自然执法者的狼。仅仅在美洲，在七十多年里，就有佛罗里达黑狼、喀斯喀特棕狼、纽芬兰白狼、德克萨斯灰狼、基奈山狼、福岛胡狼、德克萨斯红狼等十多种狼，被白人灭绝。

美洲的西雅图酋长在被迫离开以他的名字命名的那块土地时，曾对驱赶他到"保留地"的白人说道："我走。但我在走之前，我对华盛顿的大首领有一个请求，我请求你们能像我们一样地，善待这片土地上的生灵。"

西雅图酋长深知，人类如何对待环境和其中的生命，最终都将变成人类自己的命运。他是为整个人类而请求。可是在自然法则被执行之前，西雅图酋长的话无人在意。

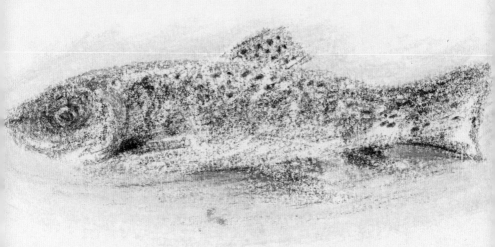

在玻利维亚，美国人充当了两次极为有名的凶手。一次是杀害切·格瓦拉，一次是灭绝奥勒什蒂鱼。

奥勒什蒂鱼生活在玻利维亚与秘鲁边界的"的的喀喀湖"。的的喀喀湖是印第安人的圣湖。传说很久以前，一个叫卡巴科的神人，手持一根金杖，从这湖的中央冒出，创建了庞大而辉煌的印加帝国。后来的印加人，就常常在这湖面上举行盛大仪式，祈祷能够脱胎换骨或者复生。而奥勒什蒂鱼，正是圣湖给印第安人最好、最奇异的食物。

奥勒什蒂鱼的鳞片黄中透绿，像宝石一样烁烁闪光，鳃是弯曲的，镶着如同太阳光线一般的一道金边，被人们认为是世界上最美的淡水鱼。生活在喀湖之中的乌鲁斯人，对它怀有相当的敬意，据说他们只会在上午捕捉它，如果下午捉到，就会放回水中。

　　乌鲁斯是印第安的一个小部落，为了躲避好战的邻居考雅人，乌鲁斯人就用蒲草芦苇扎成小岛，安居其上。他们在浮岛上养羊种菜，浮岛在浩渺的烟波之中随风漂泊。随波逐流的乌鲁斯人生存至今，好战的考雅人却很快就被印加帝国灭亡，留存下来的，只有考雅部落首领们的墓葬群。这些墓葬塔无论大小，全部以打磨光洁的巨石堆砌而成，外形犹如城堡塔楼，塔身通体封闭。西班牙人征服印加帝国后，一度固执地认为这些墓塔之中藏有黄金，他们挖掘了很长时间。所幸墓塔很是坚固，经过疯狂的劫掠以及数百年风雨之后，至今风骨依存。

　　西班牙人征服印加，如同一出拙劣的闹剧。1532 年，皮萨罗带着 168 名追随者，用共进晚餐的名义，诱捕了印加帝国最后一个皇帝阿塔瓦尔帕。皮萨罗向印加帝国勒索赎金，数额是装满那间关押着皇帝的屋子。正当黄金白银从帝国四面八方源源送来之时，皮萨罗又为自己的要价太低而懊悔不已，他把皇帝拖到卡哈马卡城广场，乱枪打死。印加帝国就此崩溃。

　　皮萨罗满心以为，他从此就占有印加帝国的全部黄金了。事实是，黄金陡然消失，无影无踪。有人说，印加人用芦苇做的小船"淘淘拉"，把黄金宝物运到了的的喀喀湖，沉在了水底。皮萨罗派了迭戈和佩德罗去湖中打捞。可是直到皮萨罗因为分赃不均被同伙打死，这两个家伙依然一无所获。他们常常看到湖里金光闪烁，然而那是奥勒什蒂鱼。

　　可到现在，这样一点金光也消失了。1932 年，美国人向的的喀喀湖投放了鳟鱼。鳟鱼不仅挤占了奥勒什蒂鱼的生存空间，而且吞食它们的幼仔。1950 年，奥勒什蒂鱼灭绝了。

　　奥勒什蒂鱼灭绝的时候，玻利维亚已经独立，可是政府却由美国操纵。圣湖的神灵既不能让奥勒什蒂鱼复生，也不能使印第安人脱离困苦。这时，那位后来成为青年们偶像的切·格瓦拉，悄然来到了的的喀喀湖之畔。可是等待他的，却是当地农民的冷漠，甚至告密。1967 年 10 月，山穷水尽的切·格瓦拉，被美国中情局指导下的政府军抓获并杀害。当"切为了帮助穷人而牺牲"的消息传开，玻利维亚农民陡然醒悟。悬赏与恐吓之下，对那些残存的游击队员，人们不再是告发，而是保护。

　　39 岁的切·格瓦拉牺牲了 39 年之后，莫拉莱斯当选为玻利维亚历史上第一个印第安人总统。他刚一上任，便立即下令用本国盛产的古柯叶制作切·格瓦拉的巨幅画像，悬挂在总统府大厅。2006 年 6 月 14 日，格瓦拉生日的这天，在伊格拉村，这个格瓦拉的牺牲之地，莫拉莱斯总统深情地说道："切，你是我们的领袖、我们的兄长，你是为了我们才牺牲的。"

　　美国人因为恐惧杀死了切·格瓦拉，最终还是失去了玻利维亚。美国人因为贪婪而灭绝了奥勒什蒂鱼，而现在，他们投放在喀湖的鳟鱼又面临灭绝。在大多数情况下，强权和暴力，并不能解决问题。

很少有人知道，南太平洋加拉帕戈斯群岛上的象龟，竟是《物种起源》的起源。

1835 年的那个秋天，达尔文骑着一只巨大的象龟，漫无目地在岛上散步。岛上的副总督朝这个 26 岁的年轻人抬了抬下颌："博物学家先生，随便哪只象龟，我只要瞟一眼，就知道它是哪个岛的。"副总督显然有他骄傲的理由。加拉帕戈斯群岛的象龟，有着 15 种之多。不同岛屿上的象龟，种族各不相同，不是内行人，的确很难分清。在此之前，人们普遍相信，是上帝创造了一切。可是象龟却让达尔文产生了疑惑：上帝为什么要造出这么多独一无二各不相同的乌龟呢？

环球航行的贝格尔号皇家军舰在加拉帕戈斯群岛停留了五个星期，这是改变达尔文的五周，也是改变世界的五周。

达尔文带着象龟给他的灵感欣然而去。他已经隐约想到，生命本身有着上帝所没有的力量，然而他不曾想到的是，活泼多样的生命却不得不遭受人类的戕害，并一步步走向灭绝。

事实上，在贝尔兰加发现加拉帕戈斯群岛之后，象龟就一直遭受着人类的屠杀。1535 年，贝尔兰加奉西班牙国王之命，去秘鲁调解皮萨罗与他的同伙阿尔马格罗的纷争。途经此地时，他曾在岛上稍作停留，岛上成群的巨大的象龟，给贝尔兰加留下了深刻印象，于是，他把这里称作加拉帕戈斯群岛，西班牙语的意思就是"巨龟群岛"。

巨龟长达 1.7 米，重达 400 千克，人们惊讶于它的巨大，称之为象龟。它们最爱的食物是岛上的仙人掌。除了仙人掌、树的果实、蔓生植物、草啊什么的，都行。如果实在没有食物了，它们可以成年累月地忍饥挨饿。顽强的生存能力，使它成为最长寿的动物之一。它们轻易就能活上两三百岁。可是谁会想到，强大的生命力，竟让它们成了远航水手们最好的食品。因为它们可以一年不吃不喝，水手们就像捡石头一样，把它们捡来，翻个个儿，放在船舱里。它们既不会饿死，也不能逃跑。这样，水手们就能随时吃到新鲜的肉食了。19世纪，捕鲸和捕海豹的渔民蜂拥而至，他们一船船地把象龟运到南美大陆，经过简单加工，销往世界各地。

千万年来，因为没有天敌，使象龟进化得如此庞大、笨拙而文质彬彬，它们甚至在争夺配偶时，也只是伸伸脖子，比比看谁更高大，矮小的，自动退却。面对人类的屠刀，它们毫无反抗，连逃跑也不会。

象龟，在沉默之中，等待着灭绝。达尔文在加拉帕戈斯群岛时，还能看到15种象龟，现在只剩下11种，其中有一种，只剩下了最后一只。

最后的这只"鞍背龟"，名叫"孤独的乔治"。它是它们家族中的最后一员。自从1971年它被发现以来，人们搜遍全世界，也没有发现基因与它相同的象龟。人们从种族相近的象龟中，为它找来了许多个新娘，可是乔治毫不理睬。2012年6月24日，乔治孤独地死去。专家宣称它大概活了九十多岁，然而它的死亡，同时意味着"鞍背龟"的灭绝。

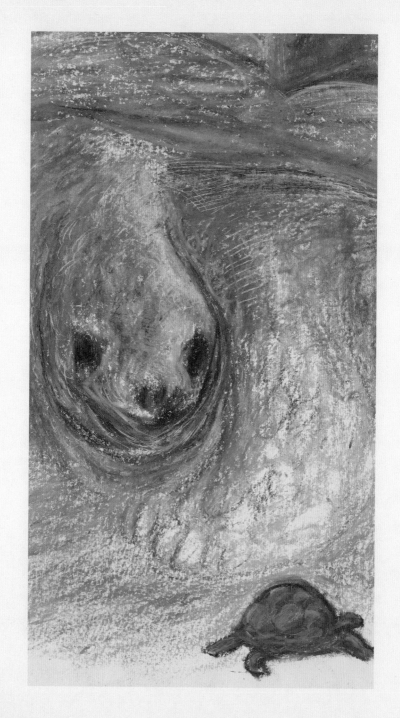

鞍背龟生活在平塔岛，虽然经过人类的不断捕杀，到1952年，还没有完全灭绝。给它最后一击的，是3只山羊。这一年，一个多事的渔民把3只山羊带到了岛上。丰盛的水草和安宁的环境，成了山羊繁殖的天堂。没多少年，3只山羊滚雪球一样，变成了3万只。平塔岛的生态系统被完全破坏，最后，仙人掌和灌木丛也被山羊啃得荡然无存。最能忍饥受饿的鞍背龟，竟被活活饿死。如梦初醒的人们为了保护生态，开始捕杀山羊。1971年，工作人员偶然发现了乔治，他们把这最后的鞍背龟送到了圣克鲁斯岛的"达尔文研究站"。人们哀伤于乔治的孤独，对平塔岛进行了地毯式的搜索，最后只发现了15只鞍背龟的尸体，它们已经死去了很久。

象龟种族的繁多，让达尔文开始了"物种起源"的探索，而象龟种族的陆续灭绝，是否真的能让人们警醒，并且重新领悟到生物多样性的意义？

所有的异龙鲤，在数日之内全部死去。它们被活活渴死。异龙湖干了，湖底朝天，成了一个广阔凄凉的荒漠。

干旱3年前就开始了，到了1981年的4月28日这一天，终于完全干涸，这一干就是20天。

数万亩的湖床，完全裸露在白花花的太阳底下，黝黑肥沃的淤泥，慢慢龟裂着，变成燥热晃眼的白色。原本生活在湖水深处的异龙鲤，渐渐被晾在干枯的湖床上。东一只，西一只，挣扎着，大张着嘴，可是滚烫的空气里没有一丝水汽。

异龙鲤安静下来，一动不动，太阳烤干了它。托着它的淤泥慢慢变硬了，像一个巨大的托盘，托着它们，像是祭礼，献给传说中的那条巨龙。

异龙鲤原先的名字不太好听，叫作"红眼尖嘴"，倒像是人的绰号。1977年，鱼类学家发现了它，才给它起了个体面的名字。可就在它有了新名字之后的第三年，异龙湖就开始了大旱，第五年，异龙鲤就灭绝了。

异龙鲤的得名，是因为它生活的地方。在异龙湖，它已经存在了成千上万年，除了异龙湖，科学家在别处没有发现过它的踪迹。这种中国特有的鱼种，因为它在产地的随处可见，因为它的味美可口，而被周围的人们所知道，异龙鲤滋养着他们的祖辈和他们自己。而关于异龙鲤的其他特点，却随着它的死亡，成为一个永远的谜。

异龙鲤的灭绝，是因为它的栖息地发生了可怕的变化。而异龙湖本不会干涸的。因为在传说中，有一条龙，在不停地向它吐水。异龙湖原来的名字叫作"邑罗黑"，是彝语。

明朝洪武年间，初来这里的汉人不懂彝语，顺着这音，把这湖称作"异龙湖"。"邑罗黑"的意思，其实是"龙吐口水而成的湖"。

湖的干涸，是因为这吐水的龙，跟人发生了冲突。

1958年之后的几年，中国人被饥饿逼到绝路。向自然要粮的手，伸向中国大地上每一个角落。"放干异龙湖，出田六万亩"，石屏县文化馆里，誓师大会的口号震耳欲聋。

几度耽搁之后，凿洞放水的工程终于在1971年3月完工。每天将近50万立方米的湖水从清鱼湾隧洞流进红河。水，一放就是7年，7年之后，再也无水可放了。1979年、1980年、1981年，连续三年大旱，1981年的4月28日，异龙湖完全干涸。

7年的放水，人们从异龙湖夺来了三万多亩的田地，异龙湖的面积缩小了一半。可是放水造田的结果，却令人瞠目结舌。

凿洞放水之后，原本依靠异龙湖灌溉的数万亩农田失去保障，每年减产竟达960万斤，而放水造出的田地，粮食总产量才862.5万斤。异龙湖干了，田地造出来了，粮食总量却减了将近一百万斤。向湖要粮的目的没有达到，异龙湖地区的生态却到了崩溃的边缘。

1981年的干涸，使异龙湖中那些颇负盛名的花鱼、邦白鱼、杆条鱼，一一死去，湖底的水草，也是成群地消失。同时绝迹的，还有与湖同名的鲤鱼。

"靠山吃山，靠水吃水"，这是古训。一段时期缺粮，我们就放水造田，向湖要粮。一段时期缺钱，我们就向湖要钱。1990年之后，人们又把异龙湖变成一个庞大的养鱼塘。新发明的网箱养鱼遍及整个湖区。每年成千上万吨的饲料、化肥、垃圾投进湖水。异龙湖再次发出抗议，这次不是干涸，而是发臭。1995年，网箱养鱼被迫取缔。

在湖面缩小、湖水污染，生态失衡的恶果凸现之时，人们方才如梦初醒。人们终于意识到，自然，并不是可以听任我们掠夺和奴役的，它也会反抗。醒悟了的人们开始在异龙湖地区投入上千万的资金，试图还原它万顷碧波的本来面目。

在放水造田的清鱼湾隧洞的水泥墙壁上，有人用很大的字体，写着这样一句标语："战天斗地改造自然。"这是一代中国人的自然观。怀着过强的功利之心，去和大自然作战，结果必然是两败俱伤。

蜗牛飞鱼

1973 年，美国总统尼克松作出了两个决定，一个是从越南撤军，一个是签署《美国濒危物种法》。两个决定，都表明了美国对于挽救生命的决心。可是从后来的结果来看，效果都不明显。

蜗牛飞鱼，真是一种微不足道的小鱼，几乎没人听说过它。如果不是生物学家在1973年发现它，它已经不在了，随着泰利库大坝的建成，它就灭绝了。

大坝已经修建了 8 年，快要修好了。人们突然发现了蜗牛飞鱼。这是一种可爱却有点古怪的小鱼。它们只喜欢吃蜗牛和一些蚊虫，而且，只肯生活在干净的沙砾之上的浅滩水中，水要清澈、凉快。生物学家们经过考察，遗憾地发现，小田纳西河的泰利库大坝附近，是它们唯一的栖息地。

为了修筑大坝，美国政府已经花去了 1 亿美元。很快就可以完工了，就可以发电了。一旦大坝建成，大水就要淹没蜗牛飞鱼的家园。可是，与如此之大的工程相比，谁会在意几条小鱼呢？

这时候，其实不少的美国人，已经明白生物多样性的重要性。旅鸽、佛罗里达彩鹭、夏威夷管舌鸟、德克萨斯灰狼、俄勒冈野牛……一长串在美国灭绝的动物名单，让他们心痛并惭愧。也正因为如此，1973 年，美国总统尼克松签署了《美国濒危物种法》。

根据这一法令，以希尔为首的一些环保人士，向联邦地方法院提起了民事诉讼，要求法院判决泰利库大坝立即停止修建。

法院拒绝下达大坝停工令。

相当多的人认为这些环保人士愚蠢而无聊。为几条既没经济价值，生态价值也不明显的小鱼，竟要一座国家级大工程停工，显然是疯了。

国会继续向大坝拨款，总统卡特也签字同意了包括大坝在内的工程总预算。大坝建设的速度明显加快。小鱼不会说话。希尔和他的同伴来到联邦第六巡回法院，代表小鱼上诉。

小鱼的命运已经引起越来越多美国人的关注。在接受新闻调查时，有90%的人表示："发电站可以建在别处，而小鱼一旦灭绝，将永不再生。"

这一情形，跟越战后期，尼克松所面临的状况极其相似。也是越来越多的美国人站了出来，反对这场已经进行了12年的战争。12年中，将近六万美国人死在了那个可怕的热带丛林，三十多万人受伤。几乎每个美国家庭都受到了伤害。可是撤军，将意味着前功尽弃，一败涂地。

站在窗户后面，尼克松脸色阴沉。游行的人群在外面喊着、叫着，挥舞着拳头，甚至举起了"尼克松是头号战犯"的牌子。"一块骨头，一块卡住国家喉咙的骨头。"尼克松咕哝道。

1973年1月，尼克松下令从越南撤军。这个决定，挽救了无数美国人的生命。这年的12月，他还签署了《美国濒危物种法》。而这个法令，是否一样地能够挽救，如今处于绝境的蜗牛飞鱼呢？

而对小鱼的命运，即使表情冷漠的法官也不能无动于衷，他的判决饱含深情："除非国会通过立法，豁免泰利库大坝遵循《美国濒危物种法》；除非蜗牛飞鱼从濒危物种名单上取消；除非它们愿意在其他栖息地生活，否则，《美国濒危物种法》不允许进行利益平衡，必须将保护生物多样性置于绝对优先地位。"

大坝一方向联邦最高法院上诉。

1978 年 6 月 15 日，联邦最高法院作出终审判决。9 位大法官以 6：3 的优势，支持了希尔等人的诉求。首席大法官沃伦·伯格代表法庭宣布：《美国濒危物种法》能够禁止大坝的修建，尽管大坝在该法通过之前，以及在蜗

牛飞鱼列入濒危物种名单之前就已动工，也尽管国会在动工后每一年都会拨款；停工禁令，是对小鱼最为合适的救济手段。

原本，这个被废弃的泰利库大坝，可以成为一个光荣的纪念碑，与那座刻满了死去士兵名字的越战纪念碑，形成对照。而事实是，一年之后，美国国会又通过豁免条例，允许大坝完工而不必受到法律制裁。

《美国濒危物种法》并不能真正保护那些走向灭绝的物种，从越南撤军的教训，也不能阻止之后的美国战车。不知道，这是尼克松的悲哀，还是人类的悲哀。

巴哈马群岛上，一群圆头圆脑的加勒比僧海豹，懒懒地躺在沙滩上晒着太阳，丝毫没有在意不远的地方，突兀地停泊着三只庞大的帆船。几个裸体健美的棕色土著，从树林中走了出来，困惑地打量着从船上走下来的一群白人。

好奇的土著和傲慢的海豹，丝毫没有意识到，这一天对于他们，对于整个美洲大陆，意味着什么。

1492年10月12日上午，帆船还没有靠上巴哈马群岛的海岸，哥伦布就隆重地穿上石榴红的服装，让两个船长扛上代表着国王和女王的"F""Y"绿旗，列队登岸。当旗子被升到刚刚竖起的木杆顶端时，哥伦布大声宣布：这里已成为西班牙国土。接着，他便和那些由罪犯们组成的水手匍匐在地，感谢上帝。

接近巴哈马群岛，哥伦布最先看到的动物就是加勒比僧海豹。因为它的叫声与狼相似，他便称它们为"大海中的狼"。海豹的身体有2米多长，重达160千克。每小时能游27千米，如果下潜，一般可以潜到100米以下。雌海豹产仔哺乳和育儿，一般都是在陆上或是浮冰上。这个特点，给它们带来了灭顶之灾。

哥伦布的水手们在亚热带巴哈马可以轻易地猎杀陆地上的海豹。哥伦布曾不无自得地说，他亲手猎杀了8只"大海中的狼"。可是即使那些躲藏在寒冷的漂着冰块的海洋中的海豹，也难逃厄运——从西班牙来的水手们乘着船，手持木棍，悄悄逼近。冰上雌海豹身旁的小海豹，出生不久，浑身毛茸茸的，雪白可爱。船头碰着了浮冰，水手挥起木棒。雌海豹已经来不及把小海豹推入水中，它猛然跃起，落下来，重重砸在浮冰上，冰碎了，它和小海豹一起沉入水中。它们逃脱了。然而，像这样聪明的海豹只是少数。多数情况是，母子双双血染大海。

继哥伦布之后，蜂拥而入的欧洲人，对海豹展开了疯狂猎杀。起先，他们感兴趣的是海豹的脂肪，后来，他们又紧紧盯上了刚刚出生的小海豹，它们有着雪白的毛皮。他们用猎枪射击，或者用一端带着巨大金属钉的专用棍棒击打，小海豹被击中后，回到水中，在痛苦中慢慢死去。而这些被打死的小海豹，还不到 3 个月大，相当多的，是刚刚换毛、出生才 14 天的海豹宝宝。人们猎杀它们，不是为了饥饿，而是为了用它们的毛皮做成奢华的皮衣。他们甚至在小海豹还没有完全死亡的时候，就剥割它们的皮毛。

1952 年，加勒比僧海豹灭绝。直至今天，其他种类的海豹，在加拿大、俄罗斯、格陵兰群岛、挪威、纳米比亚等地，依然被合法地捕杀。2003 年到 2005 年，加拿大已经残忍地捕杀了超过一百万头海豹，2006 年又确定了 335000 头的捕杀配额。猎杀者甚至还为自己寻找借口：为了使海豹不至于吃掉太多渔民赖以生计的鱼类。事实上，毁坏加拿大渔业资源的，恰恰是人类的过度捕捞。

哥伦布所带来的死亡与灭绝，并不只是在加勒比僧海豹身上。在殖民者的眼中，人和兽和土地一样，都是上帝赐予他们的礼物。他们可以随意享用。

阿拉瓦克人是最早热情款待白人的美洲印第安人。仅仅在 50 年之后，这个有着几十万人口的种族就被灭绝了。

哥伦布和他的船员及狗，粗暴地接管了安详宁静的美洲大小岛屿。历史学家们这样记载道：他们会砍断印第安人的手，留下一层皮让手悬荡着……为了测试剑是否锐利，就将印第安人抓来砍头或砍身体。他们将俘虏的首领处以火刑或绞刑。哥伦布本人最喜欢的刑罚则是：将人的双手剁掉，然后用绳子拴住脖子示众。在哥伦布登上美洲大陆之后的几十年里，有着将近两千万的土著死于非命。欧洲人对新大陆的征服，造成了人类历史上规模最大的种族灭绝。

殖民者对于幼海豹的残忍，同样施于了印第安婴孩。这些今天美国孩子心目中的"英雄们"，竟将刚出生的婴儿扔给狗吃。单单在古巴，短短三个月中，就有三万多名婴儿被饿死或惨遭毒手。

谁能想到，给一个民族带来如此重大灾难的哥伦布，会出身于一个同样饱经苦难的民族。历史学家们经过考证认为，哥伦布，这位来自意大利热那亚的纺织匠之子，竟是犹太人。

他的远航，跟西班牙国王的种族歧视极为有关。1492 年
8 月，哥伦布扬帆远去的时候，正是西班牙国王勒令所有
犹太人离开西班牙的最后期限。"流亡"到美洲的哥伦布，
又使得数千万的印第安人流离失所。

1506 年，一贫如洗的哥伦布，在西班牙的巴利阿多
里痛苦地死去。医学家们分析说他死于梅毒。哥伦布及后
来者们把欧洲的麻疹、破伤风、白喉和天花等疾病带到美
洲，同时又把美洲的大水痘、梅毒带回欧洲。仅仅是梅毒，
就让至少一千万的欧洲人丧失了性命。第一个踏上美洲大
陆的哥伦布，又成为第一个死于梅毒的欧洲名人。

"是哥伦布，给美洲带来了今天的繁荣"，当美国总统
布什，在一年一度的"哥伦布日"上高声赞美之时，委内
瑞拉总统查韦斯却呼吁在美洲取消这个节日。他说，哥伦
布，是人类历史上最大的侵略与种族灭绝的先锋。

不同的立场，有着不同的评判。然而，是非善恶的起
码标准，是对生命是否尊重，无论对人还是对动物。

LAST

—— 2 ——
最 后 的 蝴 蝶

BUTTERFLY

在地球 30 亿年的生命史上，一个个曾经繁盛的物种濒危，乃至消亡。恐龙如是，麋鹿如是，我们文中的中华虎凤蝶如是。也许，面对自然造化的安排，我们只能无可奈何地接受，但人为的破坏却是不在其中的，尤其是那么直接、那么无理、那么残忍地对弱小生命的戕害。

中华虎凤蝶，国家二级保护动物。不仅在南京的紫金山濒临灭绝，在各地均频频告危。

当动物学家痛惜，一个物种的濒危及消失造成自然界生物链无可取代的空缺时，作为平常人的我们，则更多地感慨我们的世界，又少了一份独有的轻灵与飘逸。中华虎凤蝶特有的生活习性及面临的来自自然、来自人类社会的种种加害，总让人想起人类从小到大，注定要磨难重重的一生。可惜，那些加害虎凤蝶的人们，却不会因此而对这可爱的小生灵生出一丝怜悯。

1

蛹还在睡着。

3 月 5 日，正是农历惊蛰。草木还没有返青，紫金山最高最陡峭的山坡上，依然枯黄一片。落日的余辉稍纵即逝。一片干枯的落叶半挡着一条细窄的石缝。这只蛹，就一直沉睡在这石缝的深处，她用丝把自己牢牢地绑在岩石上，一动不动。

她已经睡了 10 个月了。

忽然，蛹的壳裂了开来。一只小小的湿湿的蝴蝶挣扎着，慢慢地爬了出来。她的翅膀折叠着，软软的。

迎接她的并不是明媚的阳光，而是危机四伏。种种不可预知的灾难，在等待着她。

她还不能飞。然而她的脚步很快，她不能不快。一眨眼，她就从藏身的石缝中跑了出来。她要找一个略为开阔的地方，可以完全地展开她的翅膀。一棵矮矮的细细的灌木就行了。她从蛹壳中钻出来，必须在几分钟内爬上树枝，把自己悬挂起来，慢慢地，慢慢地，把湿漉漉的翅膀完全地展开，在风中晾干。

她必须很快地展开她的翅膀。她翅膀的脉络是软软的血管，几分钟后就硬化了。如果没有及时地展开，血没有及时地流进这脉络，她就永远打不开翅膀了。如果有石头、树叶，甚至小草挡着了她那一瞬的伸展，她的翅膀就会扭曲残缺。

现在，她已经把自己高高地挂在树枝上了，她已经完全地展开了翅膀。在黄色衬底的前翅上，自前向后延伸着8根如虎斑的粗黑条纹，与缀着黄、红色新月斑和蓝色圆斑的后翅和谐地结合在了一起。她便是紫金山上，今年春天那只最后的蝴蝶了。

翅膀渐渐地晾干，她终于可以喘一口气了，她一动不动地悬挂在树枝上，静静地等待着黎明。

黎明没有来到，却下起雨来。幸而她已经打开了翅膀，支撑翅膀的脉络也已变得坚硬有力。雨水从树枝上往下流淌着，雨水流到了她的身上。她紧紧地合着双翅，雨于是不断地就从那翅膀的刀尖上落到了地上。

她在黑夜的雨中静静地等待着天明。她已经幸运地躲过了一劫。如果这场雨来得早一点，她就死了。到处是水的世界，将使她无法打开翅膀。那十个月的漫长等待，那带着希望的夏、秋、冬，都将失去全部意义。命若琴弦，似乎是对这个美丽而脆弱的生灵最准确的概括。

2

雨随着黑夜而去，太阳出来了。她轻轻地飘落到地上，尽情地把翅膀伸展开来，让阳光暖暖地晒着。她太冷了。上午10点了。她的身子终于暖和了过来，力气重又回到了身上。她要飞了，一生中最为美好的时刻到来了。她张开了翅膀，微风托着她，她随风而舞。她是舞的精灵，高高的冷清的山岭立即焕发出春的生机。可是，谁又知道呢，为了这一刻，她曾经历了怎样的恐惧、逃亡，她曾经在黑暗中怎样地苦苦挣扎！

她的身世多舛，让人落泪。

四月刚过，杜衡那马蹄形的绿叶就散发出绵长的令人愉悦的香气了。可是因为人的破坏，杜衡在紫金山上已经越来越少。而它是虎凤蝶唯一能产卵的植物，是虎凤蝶的幼虫唯一的食物。杜衡在紫金山上还没有完全地消失殆尽，可是虎凤蝶已经接近了灭绝。

阳光暖和地照着这杜衡的叶子。半透明的叶子正好挡着了直射的阳光，挡着了阳光里的紫外线。蝴蝶小小的卵安全地藏在这叶子的背后。太阳晒热了叶子，这些淡绿色的、闪着珍珠光泽的小东西享受着这叶子的温热，在这温热之中，慢慢地孵化。

杜鹃花开遍山岭的时候，小蚂蚁那么大的虫子咬破了卵壳，钻了出来。这棵杜衡长在一条小涧边上的灌木丛中，小涧断了水流却依然湿润。小虫子们在杜衡叶子的背面蠢蠢欲动，她，就在它们当中。她和她的兄弟姐妹几乎是在同一时间来到了这个世界。它们整齐地排在卵壳的周围，一动不动。它们在等着叶子在阳光下慢慢变暖。

好了，够暖和的了。它们四散开来，从叶子的边缘吃起来，它们饿了。

这时候的杜衡，已经长得油绿肥嫩了。二十多个小东西，吃了三四天，把这片叶子吃出了许多浅浅深深的豁口。第四天，小小的虫子们忽然骚动不安了，像逃离什么可怕的危险一样，它们迅速地逃离这片叶子，向四处奔跑。

它们每一个都要去寻找另一片叶子，它们已经渐渐地长大，挤在一起，食物的短缺，将会使它们全部饿死。在找到另一片叶子之前，它们必须先要找一个安静而偏僻的地方，开始它们的第一次蜕变。

这一生，它们必须经过五次蜕变，才能变成蛹，才能在蛹里做着有翅膀的梦。

　　然而每一次蜕变，都是一次跟死神的赌博。这个二十多天的五次蜕变的过程，将是它们绝大多数走向死亡的过程。

　　兄弟姐妹们四散开来，寻找着属于自己的那片绿叶。它们并不知道，这一分别，将再无相聚之时。

　　一只手伸过来，一只人类的手。它翻起一片杜衡的叶子，叶子的背面，趴着两三只小小的毛毛虫。这只手轻轻地扶着这棵杜衡，另一只手拿了铁锹，把这杜衡连着周围的土带根挖起。

　　人类的手在不断地翻找，不断地挖取。趴在杜衡叶片上的小虫被带走了，而且得到了很好的照看。第二年的春天，它又将变成蝴蝶，从开裂了的蛹中爬出来，伸展开翅膀，它要飞了。

　　可是它永远不可能飞了。当它刚刚把翅膀伸展开来，当它把自己的美丽刚刚带到这个世界之时，它立即被人毒死。它的外表没有任何的损伤，它是完美无缺的，但它是死的。它被制成了标本，被标上价格，卖了。

　　所以，那些被手取走了的会变成蝴蝶的小虫，其实在离开紫金山的那一刻，已经死了。幸存的小虫们战战兢兢地寻找着自己的食物。然而山上的杜衡已经很少了。被破坏了的树林中，杜衡成片地消失。小小的毛毛虫只有朝更远处，怀着渺茫的希望努力向前。

　　她是孤独一个了。她一刻不停地向前，可是找不到一棵杜衡。那些一起出发的伙伴，就这样，一个一个地饿死在寻找的途中。

　　杜衡、杜衡，杜衡在哪里？

一粒梧桐树的球果干裂了，落下的一撮茸毛，死死地挡着了她的去路，她艰难地翻越着，她满身尘土，保护身体的毛发在行进中一根根折断。她终于过去了。她越过山水冲出的小径，穿过杂草缠绕的丛林，在幽暗的紫金山的深处不知疲倦地往前。

她一动不能动，恣意横生的水草死死地纠缠着她。这是一片小小的沼泽，可对她而言，却是不能逾越的天堑。她挣扎着。

正午的太阳渐渐地偏西了，她终于冲出这水草的罗网了。她蜷缩在水草旁的湿地上，她筋疲力尽了。在她的不远处，就有着一片树叶，可是她没有力气走过去，藏到下面。小鸟在头顶叽叽喳喳，寄生蜂飞来飞去，她都顾不得了，她累，她饿。

　　这只终将变成蝴蝶的小虫是幸运的。在她恢复了体力不久，她就在不远处找到了杜衡，苦难终于到了尽头。她贪婪地享受着这最后的晚餐。

　　是的，是最后的晚餐。这次饱食之后，她就不再需要杜衡了，她不再需要任何食物。她要去变成一只蛹了，她要去把自己藏起来，开始做那个飞翔的梦了。

　　为了这个梦，她愿意经历一切。又一次长途跋涉，这一次，她走了整整 24 小时。她终于找到了。这是个潮湿、阴暗的岩石石缝，这，将是她最后完成生命升华的家了。

　　她吐着丝，织成一个小小的垫子，垫子非常坚实地粘在石头上。她平躺下来，在腰部的左右又各织了一个垫子，垫子牢固地粘在石头上。她转动着头，来来回回地吐着丝，丝的两端就系在那两只小垫子上。丝像绳子般把它绑在了这块小小的石头上。

　　已经绑好了。忽然，从她的头部到胸口到腹部，裂开一个口子，像衣服中间的扣子突然解开，衣服向两边猛一收缩，缩到了她的背后。她剧烈地摇摆着身子，衣服在她的背后卷起来，向尾部滑下去。她一挣扎，衣服被扔到了脚边，完全地脱离了她的身体。这是第五次，也是她最后的一次蜕变。

　　现在，她成了一只蛹了，一只柔软、丰满、白嫩的蛹。她已经牢牢地把自己固定在这块石头上了。这之后的 10 个月，她将一动不能动。因为牢牢地绑好了自己，风不能把她刮跑，雨不能把她冲走，她将是安全的。

　　然而，此刻她的内心却是充满了恐惧。相当多的蛹们，外壳还没来得及变硬的蛹们，就在此时，遭到了致命的攻击。

凶手是寄生蜂。就在它们身体依然柔软的那一刻，寄生蜂嗡嗡嗡明目张胆地落在了它们的身上。寄生蜂伸出长长的刺，扎进它们的身体，把卵，排在了它们的身体当中。它们绝望地挣扎着。小寄生蜂将在它们的身体中渐渐地长大，它们的身体，变成了食物。它们，梦想有一天变成蝴蝶的它们，将很快被寄生蜂吃成一个空壳。

她是幸运的，她终于等到了蛹壳形成的那一刻。嗡嗡的蜂鸣没有响起。她要好好睡一觉了。等一觉醒来，她，就是有了翅膀、会飞的小精灵了。

3

山岭还在沉睡呢，几乎还看不到绿色。经历了炎热的夏季和冰冷的冬天，她终于破蛹而出，她终于可以张开翅膀飞到这春天的上空了。

她看到了，在那陡峭的山坡上，那么一块小小的平地上，开满了一大片淡紫色的花朵。她看到了，在那花丛当中，一只色彩鲜艳的蝴蝶正迎风而舞。他是那么的傲慢、孤独。

是的，他是孤独的。他在她破蛹而出的 5 天之前就在这紫金山的山巅寂寞地飞翔了。他在寻找着、等待着。整个山岭却一直沉睡不醒。没有她的身影，没有任何一只在风中跳舞的同类的精灵。

他不知道，整个紫金山上，只有她了。原先的四个家族，已经消失了。从危崖上诞生的她，不仅将是他唯一的爱，而且，将是他所能见到的唯一的同类了。

他在这空谷中独自徘徊着，他甚至有些焦躁了。他不知道她在哪里，不知道为什么她还没有出现。他的生命，只有二十多天，等她，是他生命中最为重要的，甚至是他活着的唯一的目的。他守着这微风送来的堇菜的芬芳，她会来的，他想。

她嗅到了这芬芳。淡紫色的堇菜的，玫瑰一样的芬芳。

心叶堇菜花开的时候，正是它们破蛹而出的时候。堇菜和蝴蝶之间有着一种神秘的关联。上午十点多钟，而且只有在晴天，堇菜才会散发出它的玫瑰一样的芬芳。而蝴蝶，也只有在 10 点之后，太阳晒暖了它们的翅膀，它们才能翩翩飞来。

她和他在心叶堇菜的花丛中相逢了。放眼看去，紫金山上只有他们。他们追逐着、嬉戏着。这一刻是属于他们的。

堇菜的小喇叭花的深处，已经为他们拿出了最为甜美的蜜。这蜜，是只给他们的，是给他们的爱的礼物。这爱和生命之蜜，小蜜蜂也够不着，只有他们，才可以伸出长长的吸管，尽情享受。堇菜给了他们蜜，他们为堇菜传送花粉。二十多天之后，当他们凋零死去的时候，堇菜的花儿，也就谢了。

心叶堇菜可以在最为险恶的危崖上生长，甚至，它可以生长在一棵落了些许泥土的树杈之上。

此刻，她和他就轻轻地落在这样一棵堇菜的花瓣之上。

它开在悬崖陡坡上的一棵朴树的树杈上，淡紫色的圆瓣的小喇叭花，优雅害羞地朝下低垂着，像是听着了她和他的私语。

下午才三点多，山顶上已经有了料峭的春寒。他和她静静地落了下来，合并了双翅，栖在矮矮的树枝上，一动不动了。夜寒愈来愈重，她抖抖翅上灰色的羽绒，睡了。

董菜的小喇叭又传来淡淡的醉人的芬芳。她醒过来。她抖开美丽的翅膀，阳光已经晒去了身上每一分的寒气。她又去了那棵长在朴树上的董菜。淡紫色的花朵，已经又为他们准备好了祝福爱情的甜蜜。

然而他没有来。她尽力地朝高空飞上去，她四处张望着。

他走了。

他必须离她而去。他觉得自己已经老了，他感觉到翅膀上的鳞片在嚓嚓地破裂。他已经找到了她，已经爱过。他不愿意被她看到自己苍老直至死去的模样。他想找一个地方，一个安静偏僻的地方，静静地离去。

他高高地飞起来。然而他是看不到完整的春天的了。他的翅膀上最后的鳞片已经落尽，变得透明了，纤细的叶脉历历在目。这个紫金山上最先的春的使者，他要走了。微风轻轻一吹，他飘落下来，立即消失在去年秋天的落叶当中，不见了。

她知道，他们已经永不能相见了。可是她还得活着。明年的春天需要她的孩子来点染。她在她的身体上挂上了一个小小的心形薄片。这是她对他爱情的誓言。

其实，寂寞的山坡上已经没有任何一个另外的追求者了。十多年来，周围生存环境的恶化，这个美丽的大家族已经消失了。现在，她成了唯一的一个。其实，活着远比死去艰难。

她知道就在那棵朴树的上方，悬崖的边缘，就有人类站在那里，手里举着捕捉的网兜。

那人不知道她已经是最后的虎凤蝶了。即使知道，他可能也不会收起网兜转身离去。

她只能在最为险恶的陡坡上，那一小片堇菜的周围盘旋着。然而她不能一直留在这里，她必须去为孩子寻找降生的地方，为孩子寻找未来。

4

就在她破蛹而出的三天前，紫金山上杜衡的棕色叶芽破土而出了。四月刚过，杜衡那马蹄形的绿叶就散发出绵长的令人愉悦的香气，微微地带点苦辛。所以，杜衡还有一个叫作"细辛"的名字。她就是循着这细细的辛味而来的。

稀少的杜衡，将是她的孩子们唯一的食物。她来了。

忽然，一只鸟儿箭一般朝她扑来，她已经来不及躲藏，鸟儿一口叼着了她的翅膀。她猛一挣扎，翅膀断了一个豁口，她落下去，停住，站在一根枯草上，一动不动。她紧紧地合着双翅，把翅刃朝着飞鸟的方向。她完全消失在和她颜色一般的枯黄的荒野了。

那只差点吃了她的鸟儿，叫"伯劳"。其实伯劳还不是最为可怕的，她最害怕的是有着粗大鸟喙的"腊嘴"。腊嘴有个外号，叫作"接石的腊嘴"，你用弹弓打出一个石子，腊嘴竟然可以用比石子更快的速度，冲上去，用嘴接着那半空中的石子。它是可怕的。

还有躁眉。躁眉是比画眉要好看得多的鸟儿，可是声音比画眉要差上个十万八千里。躁眉们总是喜欢聚在一处，叽叽喳喳地说个不休，聒噪不已，可它们啄起蝴蝶来，却是凶猛迅捷的。

她的翅膀上已经伤痕累累，可是毕竟一次次逃脱了危险。其实，几乎没有一只蝴蝶的翅膀能保持得那么完美。它们不是无忧无虑的，死亡的影子，常常会从头顶飘过。

死亡，对于她来说，已经无所谓了。她已经找着了那棵杜衡。这棵杜衡长在一个小山洞出口的边上，周围是矮而杂乱的灌木丛。这棵杜衡有着三片的叶子，叶子还没有长大。她趴在叶子上，脚紧紧地攀附在叶子的边缘，腹部朝叶子的背面弯过去，身子变成了一个"U"形。淡绿色的比鱼子还小的卵一粒一粒地粘在了杜衡叶子的背面，整整齐齐地排列着。

刚刚排完卵的这只美丽的蝴蝶落在了地上，她再也不能飞舞了。

她死了。

她的孩子究竟能否延续她的生命？

我们带着绝望，希望着。

枣红马前腿颤抖着，跪了下来，头向上一昂，没有昂起来，泪水从眼里跌落，它的头垂下来，扑倒在地。它庞大的身躯侧过来，一歪，訇然倒下。

"到了高淳，过襟湖大桥，沿着河岸往右，一直走，不到两里，你就看到了。"登报卖马的小陈电话中对我说。

河岸边的大坝，带子一样朝前不断地延伸。堤岸的右边是宽阔的水面，左边是田地和疏疏落落的农家。

远远的，在堤坝的左岸，一个小黑点，孤零零地站在斜坡上。

一匹小马。

它微微仰着头，一动不动。

这是一匹枣红的小马。看有人过来，它回过头，脚踏着碎步，转了一圈，抬起头，站住。

它看着我。

我的马，它不理我

小陈走过来。小陈叫陈坤华，年轻，高而瘦。他笑着。后来我才发现，他不笑的时候，脸上也总是笑容。

小陈的房屋就在堤坝的下面，小陈八十多岁的奶奶站在屋子的后门，慈祥地朝我们笑着。小陈引我到他屋子前面晒场，一条小黄狗不依不饶地在后面叫着、嚷着。

"这马，一般人养不了。"小陈用扫帚扫开正晒着的黄豆，空出一块地，摆下两把椅子，"它不听你的。骑不了。"

刚刚坐下，小陈就奇怪地说起这匹马的顽劣与不好调教。好像要故意吓走买马的人。

他不想卖马？可是他又为什么要登报卖马呢？我有些诧异。

"我被它摔过好多回。有一次，差点被它报销了我的大拇指。"小陈把右手的大拇指朝我翘着伸过来，"现在看不出来了。"

"那天外面正下雨，我把它牵回家，缰绳抓在手里，有一段不知怎么绕在手上。它忽然发力跑起来，往外一冲，绳子勒着我的手指，深深勒了进去，手指要断了，我疼得差点晕过去。好几个月，这手指不能动。我真想把它给杀了。杀自然不行，我就登报，卖了算了。

"它跟我一点都不亲。它跟我表弟也不亲。它的爸爸、妈妈——公马母马，都死了。它们都是我表弟买回来的，表弟没法养了，也不想养了。估计呢，千辛万苦把这三匹马买来了，死了两匹，伤心了。他把这剩下的一匹给了我。他去了另外一个城市。他不想看到它。

"我牵了它回来，把它洗得干干净净，给它最好的细料吃，拿它当宝贝。哄着它。我喜欢马。我骑上去，'通'，它一跳，把我摔下来。它不让我碰它，靠近都不行。它躲着我，老想用蹄子踢我。被踢着可不得了。它一脚，桌子腿都能踢断。

"我生气了。把它拴在电线杆上，拿柳条、小木棍打它。

"打了，应该乖些了。我骑上去。它跑了。哪知道，身子斜斜地就朝路边上的电线杆挤过去。我飞一般跳下来。

慢一步，这腿，就被它撞到电线杆上了。

"没办法。再打。

"打有什么用呢？它看到我是怕了。我给它喂草喝水，看我来了，它就往后躲。等我走远，才过来。边吃，边支着耳朵，警惕着。我动一动身子，它就跳起来，向边上闪。

"打过好多次。估计它恨我了。它看着我的神情都不对。我跟它，仇人一样。其实，家里人全反对我养这马，可是我喜欢。只有我一个人照料它。白天我还要出去开汽车。不管多忙，是没人帮我照料它的。只有我。可是它不喜欢我。我是天天照料它的人，它都不喜欢，我不知道它在想什么。

"它天天站在这堤岸的下面。我整天不在。没人理它。它就这样呆呆地站着。不用说人，跟它做伴的动物也没有。只有那条小黄狗。我看，它对小黄狗也没有什么兴趣。从来就不曾看到它低下头去看它。

"我估计，它可能会想它的父母。它们是一起从很远的地方过来的。两匹马忽然没有了，它成了孤零零的一个。如果想父母的话，可不是一件好事。公马就是因为母马死了，就也死了。

"不过，那两匹马死了也好一阵子了，而且，这马还小，应该不太懂。看它的样子，也不像伤心。可能是孤独。我瞎猜。因为我一点也不懂它。

"我去买书回来看。书不好买，高淳的新华书店我全跑过了，没有。我去南京买。没什么养马的书。四处打听，到处收集。好歹也搞到三四本。谈不上多大用途。简单得很，无非是怎么把马养活。要说怎么跟马相处，没有。

"卖掉算了。家里人也天天跟我嘀咕。我就登报了。

"在高淳老街，有个卖儿童玩具、钟表什么的老伯，五十多岁。

"我跟他闲聊，说这马不行。登报了，想卖。

"老伯淡淡地朝我一笑，说：'年轻时候，我养了一头牛，白牛。隔老远，我喊它一声，它就跑过来。跟它说很多话，都懂。后来死了。我哭了几天。它死了，我就什么都不养了。牛是笨家伙，马是通人性的。哪有养马的搞得跟马像个仇人。'

"我脸红红地走了。

"我又跑图书馆，图书馆的人帮我在电脑里搜，连文学里的关于马的书也被我弄来几本。《马语者》《动物素描》什么的，甚至搞到一本《秦琼卖马》的戏本子。

"我还听别人说，在骑兵时代，战场上经常发生这样的事：骑手战死了，马却能将主人驮回军营，脚步缓慢，一声不吭。

"我不打它了。它还是不理我。我以平常心待它。不哄它，也不逼它。就像交个朋友那样。这么些日子下来，好像有那么一点摸着它的性子了。"

"那你到底卖还是不卖呢？"我问小陈。

小陈嘿嘿笑着。

来到了江南

小张是小陈的表弟。小陈的家在沧溪的太平村，小张家从这儿往东要四五里。马是他买来的。2002年，小张把几万块钱绑在腰里，就上路了。这钱是他多少年来所有的积蓄。他挣钱挣了多少年，想马想了多少年。觉得钱差不多了，就去了。听说河北沧州有好马，问了路，便上了火车。

到了。先是挨家挨户地问，接着去集市。反反复复十多天，看不到中意的。终于看到了，在一户农夫的家里。是一匹白马，雪白雪白，浑身没有一根杂毛。小张赖着不走，主人不太肯。

小张加了两次价。

马可以卖。不过，另一匹枣红公马还有6个月的小马要一起买。小张没多想，就要了。那枣红马他也喜欢，小马呢，也喜欢。

天没亮，雇来装马的大卡车就到了。先牵了白马出来。白马不肯上车。它坐在地上，前腿支着，抵着地。拉不动。其实拿根棍子，打了，也能起来。农夫一家是断然不肯干的，他们舍不得。小张也舍不得。于是僵持着。农夫把孩子推进屋。看到马要被牵走了，孩子一直在哭。司机拖了6个月的小马上了车，再拖那白马。白马好像不那么坚决了。白马上车了，枣红公马也便上了车。

上路了。

高淳。迎湖桃源铁索桥的对岸，临着水，是一块长长的宽阔平整的土地，天生一个跑马场。就在铁索桥的对面，小张搭了个马棚。马在这里安了家。

马棚的这一面是马场，马场过来是水，隔着水，是迎

湖桃源。马棚的另一面，是高高的堤坝，堤坝的外面，是浩渺的固城湖。

2002 年的秋天，固城湖边的迎湖桃源，游人络绎不绝。马儿欢跑着，马背上的游人夸张地惊叫着，声声马蹄飞溅起湿湿的泥土。马棚边的堤岸上，开着成片金黄的野菊花，野菊花一直向堤坝的上面，向堤坝的远处蔓延过去，使这人工的堤坝变得如此柔和、优美，完全地合乎自然了。马场与水相临的地方，是芦苇，芦苇在近处是简简单单、稀疏的，然而向远处生过去，却渐渐地茂密起来，到天边的时候，水、青青草地、芦苇丛、蓝天，已经连成一片，模糊了，混在一起。马儿们到来的这个秋天，这片土地上，生动、美丽，无比热闹。

常常有人骑了马，过了索桥，到河的对岸。白马、枣红马，奔跑间偶尔停下来，隔水看到了，昂起头，对视着，嘶鸣着。

"我说不上来。既不是饿了的低低的嘶鸣，也不是洪亮的鸣叫。很有韵律，听起来特别的悦耳，我们听着，心里也有着一种说不出来的高兴。"小张说。

那匹小马，因为还不能骑乘，回来后，养在别处。傍晚了，只有白马、枣红马回到马棚。这里，只剩下它们。喂养它们的人住得也很远。天暗下来之后，这里除了偶尔的飞鸟，没有任何访客。白天的喧闹水汽一样，忽然挥发了。马棚周围安安静静，只有风吹动芦苇的声音，只有风吹起堤岸那边，固城湖水波的声音。头靠在一起，厮磨着，轻轻嘶鸣着，甩着长长的尾巴，然后抬起头，悠闲地看着远处的流水。

在凝望中死去

2003年5月，小张的马场沉寂下来。"非典"来了。马场空无一人。

一个月后，"非典"终于过去。然而，小张的马场再没热闹起来。

夏天到了。天热起来。越来越热。

马场上没有游客。小张支撑不住了。养马要钱。小张去了上海，干电焊工，他要挣钱养马。马场上的白马和枣红马，他托付给了附近的一位老人。

　　2003 年 8 月 23 日，农历"处暑"。小张到上海已经一个月。一个月的工资还没拿到，白马死了。热死的。

　　小张从上海赶回马场。小张在白马日日奔跑的马道边上，挖了一个坑，把它埋了。

　　枣红马在远处看着。

　　枣红马一动不动。

　　小张更加细心地照料起枣红马。他怕它也被热死。他筛最好的细料给它，他给它洗澡，他寸步不离地守着它。

　　枣红马一动不动，它呆呆地看着远处那个埋葬着白马的小小的坟包。

　　小张把它牵走，牵到马棚中。它站定，头朝着那小坟包的方向，直直地看着。离得已经很远了，它什么也看不到，可是它就这样看着。

　　草料递到它的嘴边，水递到嘴边，它纹丝不动，仿佛呆了。

　　"我被它吓住了。"小张说，"我用力拉它的头，把它的头拉转到另一边，不让它看。拉过去，手一松，它的头又回过来，就这样定定地看着。"

　　"我用手轻轻地拍着它，给它梳毛，跟它说话。它不理。"

　　枣红马一动不动地站着，朝白马的方向痴痴地看着。它不吃不喝，也不嘶鸣。就那样站着。整个白天过去，整个一夜过去，它一直是那个姿态，一分一厘都没有移动。

　　小张找来兽医。兽医忙乱着，什么也看不出来。马还是一动不动。

　　第 3 天，小张把能找的医生全找了，没人知道这马到

底怎么了。他们面面相觑，没人懂它。

小张流着泪，抚摸着马的脖子。马没有看他。马一口都不吃，好像它已经成了化石，好像它自己的生命已经不存在。

第4天了。枣红马还是这样，站在马棚里，默默地，头朝着白马的方向。白天、黑夜，一直这样。小张把它拉走，小张想让它离开这个地方。它不肯走。小张牵不动。即使把它的身子扭过来了，它还是把头转过去，它好像一分钟都不肯把眼睛离开那白马的方向。

第5天。它已经5天5夜没有喝一口水，吃一口草料。小张呆呆地坐在边上。什么也不知道说，什么也不知道想。

他无法与它沟通。他的话它一句也不懂。而枣红马，一直
无言无语地站着，它不发出任何的声音，它甚至没有流下
一滴眼泪。它就那样站着，头一动不动地对着埋着白马的
河边的那个小小的坟包。

"我不忍看它。已经是第 6 天了。任何人，任何动物，
我从来没有见过这样伤心的样子。它看着埋着白马的方向，
眼睛好像要把泥土看穿过去。6 天啊，它的头连动一下都
不肯。我就想，它肯定活不了，它的心已经碎了。"

白马死去已经 6 天。枣红马石雕一般这样站着也已经
6 天。

第 6 天的中午。

枣红马前腿颤抖着，跪了下来，头向上一昂，没有昂
起来，眼泪从眼里跌落，它的头垂下来，扑倒在地。庞大
的身躯侧过来，一歪，訇然倒下。

它死了。

小张把枣红马埋在离白马不远的地方。小张再没让小
马来这个地方。他把小马送给表哥小陈，独自一个人走了，
离开了高淳。他再也没回他的马场。他好像要忘了这个地方。

11 月 4 日的午后，太阳冷冷地照着，我们坐在小陈的
家门口，小陈跟我讲白马和枣红马的事情。

黄昏了。我说我想去那马场看看。小陈陪我去。小马
已经 3 岁，它站在堤坝的斜坡上，沉默地看我。它们永远
是那样沉默。小马平静地看着我们，目光纯净坦率，仿佛
洞穿了一切。它被长长的绳索牢牢地拴在一根木桩上，它

只能沿着一个圆圈踱步。

　　小陈说，他已经很久没有骑它了。它也不喜欢被他骑着。而且，没有泥土的路可以走，水泥路面会让它的脚疼。于是，它就长久地站在这堤坝的下面发呆。

　　这匹已经3岁的，已经出落得很是英武的枣红的马，它的父亲母亲死去之后，它再也没见过同类。

　　走到迎湖桃源索桥，就看到了马棚。

　　堤岸上，已经没有了去马棚的路。满地是高高的杂草。

　　终于到了马棚的跟前，这已经不是马棚了，只有几根斜歪着的木柱，棚顶破破烂烂，大部分已经坍塌。一人多高的杂草把马棚团团围住。只是马棚的前面，一大片的野菊花依然开得灿烂。

　　已经找不到埋马的小坟包。那原先热闹非凡的马场杂草丛生，荒芜不堪。一阵秋风吹过，空旷无边的马场显得无比的凄冷、萧瑟。

　　由于河水的漫溢，这马场上的坑坑洼洼已经完全改变，白马、枣红马的埋骨之所完全湮没了。

　　已经没有人知道，这里曾经发生过什么。一只白色的水鸟忽然飞过，它掠过水面，鸣叫着，飞过我们的头顶，从这废弃了的马场上方穿过去，像个不可知的精灵，在水天交接之处，陡然消失。

南京红山动物园，大象馆。

粗粗的铁栅栏围着一大块水泥地，水泥地上寸草不生。一头大象孤零零地站在水泥地中央，呆呆地，一动不动。

一个 4 岁多的小女孩，双手紧紧地抓着铁栅栏，忽然回过头来问她的妈妈：

"妈妈，大象为什么要踩死它的宝宝呢？"

妈妈把她抱起来，一言不发，匆匆离去。小女孩把头趴在妈妈的肩上，眼睛一直盯着铁栅栏中的大象。

这是 2003 年 1 月 18 日的下午，周六，距离"小象之死"已经一周。

人类纪年的公元 2003 年 1 月 12 日上午 8 时许，大象"路脉"产下一子，一个小时后，还没有名字的小象被自己的母亲踩死在脚下。

此时的人们早已高歌猛进迈进了科学的时代，人们在研究自己之余对其他的生命也给予了那么多关注，视力所及甚至已至纳米，所有的经验告诉人们：动物自有它生存的规律、生存的法则。怜惜后代是所有族类共有的特征，否则种族将无法延续。"路脉"的反常究竟为了什么？作为监护者的人类实在应该自问：是谁杀害了"路脉"的孩子？

是的，这是监护者应该回答的问题，虽然这监护一直是人类的一厢情愿——有粗粗的栏杆、长长的铁链为证。

大象馆对面是高大的长长的水泥看台，看台上空无一人，大象馆中唯一的大象对着看台发呆。仅仅是半年前，这看台上还是游客如云，半年前，这一大片没有任何绿色的水泥地上还闲逛着 4 头大象，虽然它们的脚上拴着粗粗的长长的铁链。

那时候，看台上的人们总是耐心地坐着，喝着一旁生意红火的小卖部里的饮料，等待着大象带着锁链的表演。

看客没有了，小卖部也没有了。4 头大象在 2002 年的 6 月 19 日和 6 月 20 日，接连死去 3 头。

剩下的一头名叫"路脉"。其实侥幸逃出死神之手的不仅是"路脉"，还有它肚中已经 14 个月的小象。

死去的大象中有刚刚出生就惨遭厄运的小象的父亲。

惨剧发生在 2002 年 6 月 19 日上午，精神萎靡数日的公象"甘脉"突然倒地。倒伏在地的"甘脉"一直没有放弃努力，当天下午，在它离开这个世界的最后时刻，它再一次全力挣扎，它要站起来，它没能站起来，在发出最后几声悲鸣后，停止了呼吸。

"甘脉"在死神手中挣扎的同时，另外两头母象"月脉"和"瑞脉"也出现了与它类似的症状。它们用头痛苦地顶着象舍的墙壁，然后慢慢倒地。6 月 20 日上午，两只母象相继死亡，当时"月脉"怀有 10 个月的身孕。

三头大象的死据说是有机磷中毒，很快又有反驳说是感染了传染病或吃了不洁食物，"具体死因仍需进一步调查"，这调查的结果，至今没能等到。在越来越文明的时代，爆炸般的信息让人应接不暇，可能已经少有人还会念起这个结果。

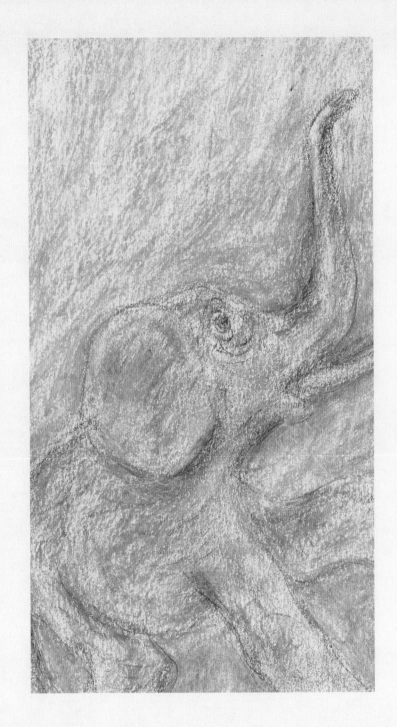

死去的大象被深深地埋葬，因为害怕传染。它们，一起离开草木丰茂的森林，一起被带到钢筋水泥的广州，1999 年，又一起从广州辗转来到南京。在南京，它们一起演出，它们是相依为命的伙伴。而当伙伴一个个痛苦地轰然倒在它的面前，我们不知道，恐惧和悲哀会不会就此在"路脉"心中埋藏？但许多外在的迹象已透露了"路脉"痛苦而绝望的情绪。它仰天长号，它警醒胆怯，庞然大物的它见到比它小上多少倍的老鼠都会惊吓不已。饲养员每每靠近它时，总要弄出点声响，生怕惊吓了它，"路脉"成了一头丧失了所有安全感的可怜的准母亲。专家认定，大象的智商在野生动物里排老二，仅次于大猩猩，相当于一个四五岁的孩子。"路脉"的孤独无助因为它的聪明而加剧了。

不能说 15 岁的"路脉"在它的不长的一生中没有得到足够的关爱。2001 年 2 月 14 日，在人类命名为"情人节"的日子里，它在人类安排下成了"婚礼"的新娘。这消息见诸报端，很有些温情脉脉的效果。人们一直是爱它的，用人们自己的方式。人们杀害大象，是因为珍爱它的象牙；人们囚禁大象，是因为能够方便地看它。杀是剥夺了它的生命，这已被所有文明的人们斥之为残忍；而囚禁，是剥夺了它们的自由，文明的人们却欣然接受。

偌大的灰绿色的大象馆中只剩下了"路脉"一个。都说它是一只胆小的大象，都说它脾气有些古怪。早就把它当成伙伴的饲养员试着与它交流，事实上这是多么不可能。不仅因为隔着层层种差，还因为，对于所有的动物而言，人类就是相对的另一端。

然而，另一端的人们对那个还未降生的小东西寄予了多少希望啊，动物园上上下下被一种激动的情绪笼罩着，"路脉"的肚子一天天变大，希望也一天天生长，一些附近的居民甚至每天都来看看它，很多人都想象着在很快就要到来的春节里，一只可爱的小象为这冷寂许久的园子带来生气。

2003 年 1 月 12 日上午 8 时许，3 吨重的"路脉"在怀孕 22 个月后顺利产下了一头重约 100 千克的小象。首次怀胎分娩的母亲刚刚度过了产前痛苦的折腾，又似乎被小象落地的声响、被血糊糊黏糊糊的小东西惊吓过度，它竟对着自己的孩子腿脚相加。它踢小象，用鼻子拽起，又狠狠地踩到脚下。小象死了，出生还不到一个小时。

杀子之后的"路脉"似乎平静了许多，在躁动多日后它一下子疲软下来。

一周后，它又担当起展览者的角色。在冬日惨淡的阳光下突兀地站立着，皮毛沾着可疑的污点。

不知为何，这幅画面很深地留在我的记忆里，画面上同样让人压抑的是有着一双忧郁眼睛的饲养员。他就与大象隔着铁栏，坐在小土包上。他告诉我：天太冷，不能给大象洗澡，有些脏了。

画面的另一角是另一个年轻的饲养员靠着一柄镐，长

久无言地看着大象。在小象猝死的那个早晨，这个年轻人泪流满面，悲伤难以自抑。

在画面的背后，一个孩子在问她的妈妈："妈妈，大象为什么要踩死它的宝宝呢？"

这场悲剧，是因为"路脉"背井离乡。

"路脉"的家在茂密的森林，在那里它有着一起嬉戏、一同觅食的伙伴，人们称之为象群，它们是温驯的群居动物，它们形影不离，亲密无间。后来，它被带到了钢筋水泥的城市。

在它临产前，人们为它准备好了"产房"，"产房"的温度保持在15℃到20℃，据说是最适宜它的温度。然而这不是它的家。虽然有许多的人在关心着它，伺候着它，时时刻刻地陪伴着它，可是要当母亲的"路脉"却不能懂得身体的变化，疼痛让它焦虑让它恐慌甚至让它发怒。

而这一切，它原本是该懂得的，是会懂得的，可是它远离家园，远离曾经形影不离的伙伴，那些原本会告知它生命的秘密，甚至分娩细节的姐妹们、母亲们不能围绕在它的身边，与它共同迎接一个生命的诞生。

新的生命诞生了，"路脉"却对此一无所知，它所看到的，只是个带血的，让胆怯的自己惊慌失措的小东西。

于是，悲剧发生了。

生离家园，死别同类，这是大象"路脉"的境况。它失控了，失控的它打破了动物延续物种的常规。人类是足够聪明了，他足以因这悲剧而推人及己，小象的惨死，让所有善良的人们伤心落泪。可人类又是不够聪明的，他们忘了制造这一切的正是人类自己。我们那么热心地充当着它们的看客，其实是我们对它们霸道的爱，使它们失去了自己。

而我们的孩子，就在这样的环境里接受着有关自然、有关生命的观念。他们爱去动物园，因为那里有人类的朋友，这个朋友是那么有趣，那么漂亮，又是那么神秘，我们大家都要爱护它。然而，你知道朋友的需要吗？地球上生命的历史有上亿年，而人类的历史不过几百万年，凭什么可以自命上帝，充当其他生命的主宰呢？

也许，只有当一个个物种的生命灭绝或濒临灭绝之时，人类才会发现，在破裂了的生态系统中，也没有了自己的位置。

《动物世界》主持人赵忠祥激动地说："保护野生动物最好的理念，就是到野生动物的家乡，到原始栖息地去保护它们。对于极濒危动物，或是受伤的野生动物，也只能临时易地保护。所谓在城市开一个亲近自然的窗口，不过是赚钱的幌子。"

中国三千多个城市，个个都建动物园，许多城市甚至有多个。那么，有多少动物要被迫离开它们的家园？多少动物将失去自由，从此终老铁笼？更有多少动物将世代失去它们的天性？在这庞大的动物群中，我们有理由问，"路脉"的悲剧还会不会发生？

人类对动物天性的扭曲，甚至让动物无法接受迟来的歉意。有资料称，许多野生动物因为长期生活在人为环境，竟已无法回归自然。习惯性豢养，习惯性死亡。

大象的悲剧，又岂止是大象的悲剧！

老虎猛扑过来。所有的人都呆住，时间凝固。

吴瑶背对着老虎，浑然不觉。吴瑶的后面是牛拉着一辆大车，车上满载老虎，7只猛虎。这是每次节目的压轴戏。表演结束了，牛拉着车，从舞台的两侧上场，一车拉着老虎，一车拉着狗熊，从观众面前走过，交错而过，谢幕。老虎们从来都是乖乖地坐在车上，从来没有任何意外。观众们纷纷站起身，因为演出结束了。

吴瑶含笑，挥手，向正离去的观众致意。一切按着演出的程序进行。当天上午，这样的演出已经进行了两场。一切正常。

老虎从背后扑过来。吴瑶猛然栽倒在地。

只有十几秒。同事们挥舞着铁棍冲过来，老虎被赶进铁笼。

吴瑶躺着，一动不动。

吴瑶被送进医院。

"句句"是吴瑶顺嘴给它起的名字，"句句"就是那只闯了祸的老虎。"句句"不知道为什么那么多双惊恐的眼睛盯着自己。人的眼睛。它自一出生就和人这种异类打交道，人的眼神让它臣服，让它惶恐，它不明白局势怎么突然就调了个过。没有人（虎）告诉"句句"它的祖先以及它的同类生长在自然环境里有多么剽悍，多么凶猛。现在，"句句"和"句句"的父母辈全要依赖人而生存，除了头上的"王"字，它也早该等同于笼子里的一只大猫了。然而，遗传的力量是巨大的。就在那么一瞬，"句句"还是暴露了它血液中的野性，它，不再是一向的自己。

"句句"扑向了吴瑶，这个人是它朝夕相处的伙伴，是人类中与它最亲切、最熟悉的，却又实实在在是控制着它的异类。它喜欢他，他却因此成了它最方便的攻击对象。

"它是跟我闹着玩呢，只是太没轻重。"吴瑶想。

"'句句'3岁，公虎，正处在发情期，又是褪毛季节，情绪烦躁。"专家说。

谁也说不清，人与兽之间，究竟存在着什么样的误解。误解诞生着悲剧。

2004年,4月10日下午3点30分。珍珠泉"百兽盛会"演出场发生的这一幕，很快上了南京各大媒体的头版头条。

代价

如果没有这场特殊的变故，18岁的吴瑶也许一辈子也不会拥有这么多的关注。

生龙活虎的他现在躺在南京第二医院6病区的病床上。

老虎抓伤了他的胸腔。他的左边两根肋骨断裂，肺被戳伤。背部被老虎咬了十处左右牙洞，右腿根部也被老虎扎了3个牙洞。左颈部被咬。吴瑶全身受伤二十余处。

医生给吴瑶注射"破伤风"药物、狂犬疫苗，进行清创处理。

4月13日。探望过吴瑶出来，医生对我说："他情况不错。"

4月14日。吴瑶已能侧着身子与我谈话，眼睛亮了许多。

"伤口愈合，还得 10 天。肋骨要慢慢长。"医生说。

与兽打交道，让吴瑶付出了血的代价，但愿这代价已到此结束。因为医学知识告诉我们，被老虎咬伤，类似被狗咬伤，而狂犬病的潜伏期最长可达 30 年。

"我还要驯'句句'。"经历了这么多，吴瑶还是这样说。他是个憨厚的小伙子。如果不是别人告诉他，吴瑶自己也不清楚是哪只虎突袭了自己，他不记恨老虎，更不用说是他的"句句"。如果知道了"句句"的近况，他会有点难过吗？

曾经为观众带来惊险刺激的"句句"，为它不可饶恕的错误付出的代价是：被关了"禁闭"。"句句"关在"百兽盛会"那边，一个驯兽员指点我。"百兽盛会"，4 月 10 日的惨剧就发生在那里。

"百兽盛会"演出场地平静祥和。几名工人正用铁钯翻土。后场，一只狗熊人立着，趴在一把椅背上已经睡着。一只高大的山羊茫然伫立，直愣愣地看着我。许多铁笼子中关着许多老虎。偶尔有老虎看我，目光复杂，让我惊惧，其真切含义永远无法洞察。

一切处于等待之中。每天下午的 3 点，"百兽盛会"将准时上演。

"句句"关在"百兽盛会"前小山上的水泥房中。上山的台阶很陡，不长。水泥房在树荫下，打开一道铁门，又是一道，"句句"被关在四面是铁栅栏的笼中。

我过去，"句句"走过来，用头抵着栏杆。它已经被关在这里4天了。

"'句句'一见到我，就用头抵我，挨着我擦来擦去，用舌头舔我。亲得很。"躺在病床上的吴瑶这样对我说。

现在，"句句"看到人，又挨过来，垂着头，郁闷甚至忧伤。

"它不知道发生了什么。"饲养员说，"刚来时，它不习惯。咆哮，转着圈子，走个不停。""句句"打量一番陌生的我，懒懒地转过头，懒懒地躺下，一切都是那么的兴味索然。"句句"的神态是温驯的。然而它高大的体魄还是令人心悸。它是虎，一只成年猛虎。

"它就关在这里了，出了这样的事，不能再放出去，不能表演。就这样关着吧，以后就作观赏或者繁殖用。"狮虎驯化团李团长说。

"句句"将被"终身禁闭"。3岁的"句句"不知道自己的命运，在它扑出的那一瞬间已经改变。也许我们永远不会知道"句句"那一扑的动机，我们永远无法走进"句句"的内心，但这对人类来说，并不重要。2002年10月3日，黑龙江东北虎林园的一只老虎，咬死了园里一名操作员，它也被"禁闭"了。"禁闭"能解决某一只"虎患"，却无法解决人与虎的误解。人把自己当作生物的主宰，用自己的意志，去操纵一切。虎，对于现今的人类而言，只是一种大一点的关在动物园的猫，一种玩物。

山下传来盛大演出的音乐、解说和嘈杂声。而那个世界与"句句"无关了。我们不知道，也没有人知道，对于

"句句"，是被囚禁在这里好些，还是能继续上舞台好些。一个是生活的天地变得更加狭小，一个是小丑一样跳来跳去，尊严丧尽。

谁之过

珍珠泉。梦幻剧场。

"啪！"一声响鞭，剧场突然一片漆黑。

舞台上黑影幢幢，忽然一声低沉的怒吼，空气一片颤抖。

舞台上满是绿色的游动的闪烁的眼睛，猛兽的眼睛。

灯光亮起，一群狮虎盘踞在舞台中央。悄无声息，凝固般一动不动。

游客坐满看台，黑压压，一样沉默不语。

演出马上开始。

这是2004年4月14日，下午2点。距离老虎扑倒驯兽员4天。

演出开始。

老虎们出来。骑马、过独木桥、钻火圈、躺在地上打滚，在人的指挥下，老虎们乖巧地表演。猫一样乖巧。人们忘记了，这些猫一样的动物，是有着血盆大口和锋利爪牙的。

有一天，这些漂亮的猫科动物遵循自身物种的必然亮出了它的利爪獠牙，那是它的罪过吗？在自然界，凶猛、矫健、灵敏让老虎获得了生存的主动权，而在人的世界，它的本性一旦亮出，那就是残忍的、应该遭到惩罚的，因为，人类一直是那么善意地对待它。

"老虎记仇，驯化员是不能对老虎不好的。"驯化团团长说。

"我喜欢老虎，它伤着我，我还是喜欢它。"18岁的吴瑶说。

吴瑶已经一年多没有回家。他老家在安徽宿州永安。"我16岁到南京，初中毕业。"吴瑶到南京珍珠泉驯虎。"就是这只虎，那时小，乖得很。"吴瑶一再重复老虎只是跟他玩玩："它不是要咬我。它跟我玩，只是没轻没重。"

吴瑶要睡了。吴瑶的伯父跟我到外面说话。吴瑶受伤的第二天，他的伯父从老家赶来。"听说伤不是很重，他父母就没来，家里走不开。"吴瑶还有一个弟弟一个妹妹，在上学。"他每个月500元工资，寄300元回家。"吴瑶的伯父说。

"我跟他讲，等伤养好了，咱回家，不驯虎了。他不肯。"老吴说。

吴瑶是善良的，他和所有善良的人们一样善意地对待我们的动物朋友。那些看台上的观众，不也都是来为我们的动物朋友喝彩的吗？经过动物保护主义者多少年的努力，动物在人类社会里的待遇越来越好，一切伤害动物的行为遭到的是几乎全民范围的同仇敌忾：比如，用硫酸泼狗熊的大学生被称为没有"人性"；在活熊身上取胆汁让数以千万计的人震惊；动物园为防止猛兽伤人为猛兽拔去獠牙剪去利甲的行为，也被称作是对动物尊严的侮辱。热爱啊，热爱，在人们的美好愿望中，"百兽盛会"的图景

已初见雏形，不久的将来，人类将会欣欣然享受自己创造的万物和睦相处的图景了。

然而，爱不能解决一切，"人性"也不能解决一切，因为，让"人性"去沟通"兽性"，这是怎样的妄自尊大呀。

"驯化"，是人类妄想症的一大表现，用诱惑使动物放弃本性，从而达到归顺人类的目的是"驯化"的根本含义。狗已把多年的驯化变成了自身的内在基因，猪也是，但狗之于狼，猪之于野猪，已不再是同类。虎已经濒临灭绝，多少年后，人类"充满爱心"保留下来的虎，已不再是"百兽之王"，是猫。如果动物的"驯化"真的能够全面实现，自然界将会陷入怎样一种可怕的单调！

人与动物的亲密接触，是人对兽性的挑战。在同类面前展示自我，是动物的本性，而以人的法则，让动物取悦于人，则是有违动物本性的。因此，动物的报复总是时有发生：一个5岁男孩在北京某公园被猴咬伤；一个年仅2岁的男孩在上海某公园被猴子咬断两根手指；有对夫妇带儿子坐游览车在武汉某公园游玩，突遭狮子袭击，母子被咬伤……别说游人，就是公园的驯兽员、工作人员被猛兽咬死咬伤的事件，也时有发生——这起事故的几天前，桂林一饲养员刚刚丧生狮口。

残忍的伤害与过度的介入同样让动物不安、烦躁，并因此而伤人。"人道主义"的驯化，不能改变天性的"兽道主义"。也不应改变。

然而，许多动物竟然在长期的驯化下似乎失去本性了。比如，我们文中的动物主角东北虎。长期的捕杀，已让这种动物濒临绝迹，为了挽回，人们把最后的东北虎放进动物园，好吃好喝喂养，并且让它们放弃野外捕食这一生存手段，而学会了"表演"，这就是它们的饭碗。大部分动物就范了，至少看上去如此，然而，这样的老虎，已经无异于"关进笼子的猫"了。

动物本能的退化，让许多人惊呼："还野性给动物"。于是，与"驯化"相反的，对野生动物的"野外生存"训练又开始了。这不是对动物的施舍，而是人类对过去伤害与侵入的赎罪。

人类，开始留一片合适的天地给动物，让它们在自己的世界，按自己的法则生存，这也许是动物对人类最大的需要。可是我们还能够还给动物们，那本应属于它们的自然吗？

　　"梦幻剧场"的演出结束了。狮子、老虎一拥而出，驯兽员拿铁棍指挥着，让它们回到各自的笼子。"句句"不在其中，"句句"将永远不会在这里出现。站在铁栅栏外，我默默地看着猛兽们，有序地向自己的笼子行走。表面看起来，一切那样平静、融洽。然而我看到，驯兽员手持铁棒，与它们保持着相当的距离，动物们身子贴着墙边，谨慎地张望，一到门口，急窜而去，显然，人与动物有着很深的戒备，他们相互提防。

　　这是人与动物的界限，这是必须保持的界限。这一距离已经拉得太近。人与动物的过度亲近，已经让太多的动物失去自我。

　　适当的陌生，适当的距离，我想，那便是动物的福音，最终也是人类的福音。

　　我转身离去。

　　一只小小的猴子，骑着一只小小的山羊，围着我，在我的腿间转来转去，一阵风似的，忽然又消失在幕后。

　　异化的它们，已经永远失去了自己。

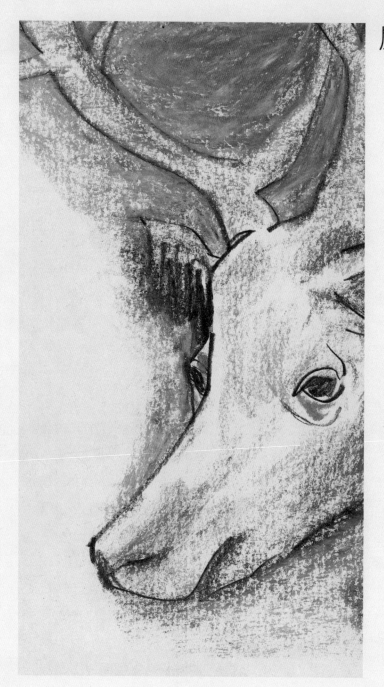

这是世界上唯一的麋鹿之冢，丁玉华执意把39只麋鹿的遗骸集中埋葬在这里。这第一批重回黄海之滨的麋鹿，它们的回归之路与人们对它们的了解之路一样曲折。以后，每当遇到麻烦，大丰麋鹿国家级自然保护区副主任丁玉华总会到这里站一会儿，用过去的曲折为自己打气。眼下，一件迫在眉睫的困难让丁玉华忧心忡忡：冬季，要给保护区里的麋鹿补料，可麋鹿们爱吃的豆秸，却因为收割机的普遍使用，被打成了碎片，成为土地的肥料。

这个困难究竟如何解决呢？类似的问题又如何解决？也许只有当麋鹿摆脱了人类的照料，重新回到真正的野外生活环境，它们才能拥有最宜于成长的美丽家园。

然而，这需要多大的努力啊，就像丁玉华亲自喂养并亲手放归野外的这头小麋鹿。

1998年，阳春三月。

小麋鹿新奇地睁开了眼睛，它没有看到自己的母亲，母亲因为难产已经去世。小麋鹿第一个看见的是丁玉华。丁玉华是中国著名的鹿类专家，自从20年前保护区成立，他就在这里工作了。丁玉华把奶瓶递到它的嘴边。刚出生的小麋鹿把它第一眼看到的丁玉华当作了自己的母亲。它跟着他，一步不离。

小麋鹿在人类的身旁，得到了很好的照顾，它甚至想都没想，它竟是不远处那群头上长着枝枝杈杈的鹿的同类。它嬉戏、打闹，无忧无虑。

一晃，5年过去了。5年对于麋鹿而言，它已经从一个孩子长成青年。

小麋鹿渐渐变得烦躁不安，对待招呼它的人们开始不那么亲近了。丁玉华知道，成年的小麋鹿发情了，隐藏在它身上的野性开始复苏。它必须回到它的群体当中了，它必须找回属于自己的生活。

对待麋鹿，丁玉华和他的同事们就是最细心，也最容易焦虑不安的母亲。1986年的夏天，第一批39只麋鹿从海外来到保护区，丁玉华为它们分别准备了舒适的棚舍。没想到远道而来的麋鹿毫不领情，情绪烦躁，不吃不喝。一番琢磨，才知道麋鹿是群居动物，不能彼此分开。养护麋鹿没有资料，甚至求教无门。在一点点的探索中，丁玉华们读懂了麋鹿的语言，读懂了它们是怎样地向往着旷野。而这头渐渐长大了的小麋鹿，也该如此啊！

从旷野而被圈养，从圈养而回旷野。在这头过早失去了母亲的小麋鹿身上，浓缩着它祖先们的生命历程。麋鹿种群早在数百年前，就濒临灭绝。北京永定门外的皇家猎苑南海子，是麋鹿在中国最后的生存之地。1900年，八国联军攻陷北京，看守园林的"神机营"士兵一哄而散。联军们嬉笑着将麋鹿一一猎杀。

"鹿死谁手"、"秦失其鹿，天下共逐之"，这鹿，说的便是麋鹿。而麋鹿的命运，又像是被这谶语，梦魇般罩住。1900年那个炎热的夏天，正当仓皇出逃的慈禧太后躺在荒郊野外的土炕上，头枕簸箕，夜不能寐时，中国国土上最后的麋鹿，在太后的鹿苑中灭绝了。国将不国之时，这样一种在中国历史上曾经留下强烈文化符号的生物，也随之灭绝，甚至没能引来哪怕是轻微的叹息。

　　丁玉华目送着这头陪伴了他 5 年的小鹿，一步步走近鹿群，麋鹿是应该属于荒野的，他决定把这只小麋鹿放归保护区中的鹿群。可是，与人类有着千丝万缕联系的麋鹿，到底对人类怀着怎样的情愫呢?

　　放归的小鹿几乎没有走进鹿群，立即遭到沉重的打击。当丁玉华赶到时，小鹿已经躺在地上，全身是血，它的一只角已被折断。不远处，几只雄壮的公鹿愤怒地注视着。鹿群从它的身上嗅到了强烈的人的气息。

人们担心小鹿会再受到致命的攻击，于是锯掉了它的另一只角。伤口处理完毕，小鹿歪歪扭扭地站起来，蹒跚着，默默朝远处警觉的鹿群走去。它终将是它们的一员。

可是，一头没有了角的雄鹿，它将会遭到怎样可怕的欺凌与侮辱啊！在鹿群中，它们从来都是以角的较量来决定自己的等级的。那是个等级森严的社会。在决斗中最终获胜的鹿王，在整个鹿群独享交配权，对食物和栖息地也享有无可争议的优先权。所有不服从者，都会遭到冷酷的打击。没有了角的鹿，在鹿群当中，理所当然一无所有。

然而等级的低下，并不是最为悲惨的。它得默默忍受整个鹿群的排斥与孤立。当雄鹿们游戏奔跑，彼此用头上的角碰触打闹时，失去了角的小麋鹿只能孤独地待在一边，待在没有同类愿意待的地方，吃着没有同类看得上的草料。

冬天很快来临了，这是小麋鹿离开人类，独自面对的第一个冬季。这个冬季，纷飞的大雪早早地带来零下十几度的严寒。

铅色的天空下，整个鹿群围成一圈，挤在一起靠体温相互取暖，只有它，站在离鹿群很远的空旷而萧条的荒原上，孤零零一个。它逆着风雪站立着，一动不动，听任雪花在它的身上越积越多。

人们都在担心，它最终会不会被鹿群接受？它会不会，独自挨过这个漫长的冬季？丁玉华舍不得了，他远远地，用口哨呼唤它，想让它回来。口哨是他们5年里约好的信号，以往，不管它在哪里，听到丁玉华的口哨，就会奔跑而来。可是这一次，它像是被风雪冻僵在荒原上，它理也不理。它，是再不会回到人类这边了。它已经知道，它是麋鹿。

麋鹿一直在逃离着人类，可是它们无处可逃。它们和我们一起，起源于黄河和长江流域，在商周时期，它们的数量甚至跟人类一样众多。可是人们把它们当作极好的美味，周朝之后，就开始了对它们的猎捕滥杀。因为它们的美味，也因为人们需要从沼泽湿地中夺回一些田地，麋鹿的活动范围越来越小。当湿地一一成为沃野，终于，最后一头野生麋鹿，在18世纪初叶死在了泰州市桥头镇的荒野之中。而麋鹿的血脉只因为皇家猎园的圈养才得以延续。

1900年，中国的麋鹿终于还是没有逃脱在这广袤大地上灭绝的命运。而麋鹿最终得以在这世上延续，我们还得感谢这位名叫阿芒·大卫的法国神甫。1865那年的秋天，醉心于动物研究的大卫神甫，趴在南海子皇家猎苑的围墙上，第一次看到了在这里已经被关押了数百年的麋鹿。他为自己的发现所震惊。这一"四不像"是一种西方动物分类学上从无记载的动物。大卫用20两纹银换得一对鹿骨鹿皮，不久，又通过法国驻清代办搞到一只死去的雄鹿。巴黎自然历史博物馆馆长米勒·艾德华对此进行了鉴定，发现这不仅是一个新物种，而且是鹿科动物中独立的一个属。这一发现，立即在西方引起轰动。按照西方惯例，中国的麋鹿被以发现者的名字命名为"大卫神甫鹿"。

小麋鹿的祖先们是从1868年开始，陆续从中国运往国外的。投机的动物商们很快把目光盯上了这一珍稀物种，他们多次高价拍卖转运麋鹿。流落在国外和在国外出生的麋鹿，大多在颠沛流离中死于非命。1900年，麋鹿在中国灭绝。1901年，全世界只剩下18头，它们被英国的贝福特公爵重金购买，收养在他的乌邦寺庄园之中。

最后幸存于世的 18 头鹿，整天拉长着马脸，很不高兴地生活在伦敦北部 45 英里处的乌邦寺庄园。幸而它们没有停止繁衍。

乌邦寺的主人一直以保有世界上唯一的一群麋鹿为荣，从不肯出让一头。直到二次世界大战来临，子承父业的小贝福特终于改变了主意。"所有的鸡蛋不能放在一个篮子里。"他开始把麋鹿向欧洲和美洲的动物园分送。

如今，分布于全世界的近三千头麋鹿都是乌邦寺这18 头的后裔。

1986 年的夏天，世界自然基金会从英国伦敦挑选了39 头麋鹿送到了中国黄海之滨的广阔滩涂上。20 年过去，39 头麋鹿慢慢地衰老、死亡，它们不在了，可是它们留下了重回荒野的希望。此刻，丁玉华有着比任何时候都更强烈的冲动，他要把那只曾经与他朝夕相处了 5 年的麋鹿放归自然，真正的、没有围栏的自然。为了这一天，他已经付出了太多，而那只备受欺凌的小麋鹿，更是付出了太多。

小麋鹿是秋季放回鹿群的。鹿群一直拒绝着它。整个冬季，它一直在鹿群的周围游荡着，当鹿群挤满了保护区里那个唯一的避风处时，它独自一个对抗着寒冷。春天来了，新生的小鹿们跳跳蹦蹦，它们，也只有它们，没有意识到它是一个异端，它们在它的脚下玩闹戏耍。已经长大了的这只小麋鹿，眼神复杂地看着它们。它的童年与它们是不一样的，它的母亲是人类，它从来没有像它们一样有过这么多的童年的玩伴。它已经长大了，已经不合适去和小鹿们嬉闹，何况，鹿妈妈很快就把它们带离了它的身旁。

当夏天来临的时候，小麋鹿从河水中看到了自己的影子。它几乎不敢认自己了。它的头上重新长出了鹿角，鹿角堪称华美。它用角挑起水草，水草像茂密的树叶长在伸展的树枝上。对于麋鹿而言，角上挂满枝枝蔓蔓，那是极美的。于是，我们在夏天的草丛与芦苇之中，常常会惊奇地看到一棵棵行走的树，那是麋鹿在散步。

5月的下旬，是麋鹿们争王的季节，雄鹿们必须凭它们那锋利的角，一对对、一轮轮地厮杀，来拼抢鹿王的宝座。然而，草原这壮观而热烈的场面却与它无关，即使它同样拥有华美的双角，甚至有着更为壮健的身躯。它依然过着无望的生活，整个夏天，它踽踽独行在鹿群之外的滩涂上。跟随它的，只有那只寄望从它身上得到食物的白鹭。

它毫无希望了吗？它会就这样在拒绝之中孤独地死去吗？丁玉华不甘心。他觉得，小麋鹿之所以陷入如此困境，也是他造成的。麋鹿排斥的不是它，而是人类。他必须帮帮它。

麋鹿生活在保护区的大围栏之中，丁玉华一直希望能够把麋鹿放回到大自然之中，让它们真正地恢复到野生状态。

秋天，丁玉华和同事们在麋鹿野放区建起了一座0.6公顷的小围栏，他们从不同的鹿群之中精心地选出了18头麋鹿，把它们关在了一起，让它们在此彼此熟悉，重新合群。丁玉华把那头小麋鹿放入其中。陌生的环境，陌生的伙伴，让大家惊惶不安，而这，给了小麋鹿不被排斥的绝好机会。

麋鹿野放区水草丰美，池塘密布，远离人类居住区，很是适合麋鹿的野外生活。

2004 年 10 月 26 日。

围栏门打开了，麋鹿们在围栏中徘徊着。那只已经完全长大了的小麋鹿把头伸到围栏门的外面，察看着，犹豫着，接着，又小心翼翼地迈出前腿，发现没有危险，它冲了出去。鹿群随之跑向旷野。

鹿群很快冲向远处的地平线，就在它们从人们视野中完全消失的那一瞬，曾经的小麋鹿突然回过头来，它看了一眼这站立着的、已经模糊了的人群，扭过头，立刻消失在荒原的尽头。

由于监测器的帮助，人们了解到，鹿群回归荒野的第二天就找到了食物，第三天就找到了淡水源，10 天之后，它们已经熟悉了这里的水文地貌。18头麋鹿始终聚集在一起。而那头一直被排斥的麋鹿，终于显示出了它非同寻常的一面，它凭着对人类更多的了解，常常能领着鹿群找到一些特殊的食物。它，慢慢地赢得了信任。

当人们再次发现这群麋鹿时，已经是第二年的夏天。又是争夺鹿王的季节。连续多天跟踪鹿群的丁玉华，终于从高倍望远镜中看到了昔日的小麋鹿。它已经是勇武的斗士了，它正和那头曾经的鹿王激烈地拼斗着，荒原上"咯咯"的鹿角撞击声一声连着一声。两头鹿进进退退，难分难解。激烈的搏斗一直持续到第二天凌晨。

荒原从黑夜中苏醒过来，一群黑嘴鸥在鹿群的上空盘旋着，"嘎嘎"地鸣叫着，像是在为新鹿王发出欢呼。那只差点被鹿群永远抛弃了的麋鹿，双角上挂着飞扬的水草，在鹿群周围快速地奔驰着。太阳高高地跃出地平线，荒原上金光闪耀，所有的雄鹿都退居到远方，把骄傲和尊严给予王者。

角似鹿，面似马，蹄似牛，尾似驴，人们把麋鹿叫作"四不像"，当作吉祥的神兽。而它们在最危险的时刻，全世界只剩下18头。按照现代生物学理论，一个物种在不足一百之数时，就应被视为灭绝，因为它们无法保持遗传的多样性。按照这一推测，曾经只剩下18头的麋鹿，早该退化而无法存在了。然而，让动物学家百思不得其解的是，麋鹿现在已经接近3000头了，退化的情况却依然没有发生。谜没有解开，我们就不知道麋鹿本身为了它们种族的延续作出了怎样的努力。当麋鹿绝境逢生之时，我们许多人都在这样感叹：是人拯救了麋鹿。其实，人只是在为前人不光彩的行为进行着微不足道的弥补。而与此同时，人们因为自己的妄自尊大，依然在把另一些生灵一步步逼入绝境。而这一次，我们给后代留下的，可能就是再也无法弥补的痛楚。

1

唱唱双手捧着一张纸，端正地坐在地铁靠窗的椅子上。唱唱的眼睛一直盯着这纸，既兴奋，又紧张。纸是一张白纸，上面有些细小的黑点，芝麻那么大。唱唱的嘴唇不出声地动着，像是在一粒一粒地数。

唱唱是四年级的小学生。老师给了他们每人一张蚕纸，让他们带回家。

2

唱唱让爸爸陪她到小区的花园里找桑树。

花园里有很多的树。虽然已经春天了，很多的树都没长出叶子。

爸爸叹口气："麻烦了。你那个蚕纸上的蚕，过两三天就要长出来了。可是你看，这树叶子，再过六七天也长不出来啊。没有叶子，蚕出来吃什么啊。"

唱唱也急了："为什么树还没长叶子，蚕就会自己出来呢？是蚕出来得早了，还是树叶子出来得迟了呢？"

"以前是配合得好好的。小虫们知道什么时候叶子会长出来。大树也知道自己该什么时候发芽。现在是气候乱了。该热的时候，不热。该冷了，就是不冷。植物和动物也就乱了，踩不上节奏。"

"为什么会乱呢？"

"环境污染吧。"

"我知道了。"唱唱点点头："所以我们晚上就看不到星星了。"

"水污染了，土地污染了，大气污染了。春天按时间到了，可还一点春天的样子也没有。蚕不知道，一样要出来。出来就惨了。"

"那怎么办？"

爸爸沉思着。

"放冰箱。让蚕继续睡一会儿。等叶子长出来再说。"

3

过了一个星期，唱唱欢天喜地把蚕纸从冰箱里拿出来，放到客厅的茶几上，谁都不可以靠近。

"现在可以出来了。"唱唱说。因为她已经看到了花园里的树，一棵一棵都生出了新叶。

4

唱唱和爸爸也终于在花园里找到了一棵桑树。

多细小的一棵啊。长在花园里两块石头的缝缝里。应该是哪只小鸟，一不小心，把桑树的种子掉在了这里，小桑树就从这石缝里长了出来。也许是它自己长出来的，虽然不那么直，可是看起来很结实，很肆意。刚长出的叶子嫩嫩的，如果用手一掐，都会滴出水来。

5

噢！小蚕真的出生了呢。那么那么的小。就像小小的蚂蚁。怪不得叫"蚁蚕"呢。唱唱等啊等，等了好几天，那蚕纸上的小黑点，能变的，都变成蚁蚕了，不变的，爸爸说永远都不会变了。唱唱数了数，只有9只。爸爸帮唱唱把长出来的蚁蚕装到一只纸盒子里。唱唱也不肯把那张再也生不出蚕的纸扔掉，还是放在一边，天天等。她怕万一有一只，是迟到了。

6

第一次去采桑叶，是唱唱跟妈妈一起去的。她要让妈妈认得这棵桑树。唱唱要上学，可是蚕一天要喂四次呢。唱唱把喂蚕这件事，交给了妈妈。

唱唱挑最嫩的叶子，采了9片。每只蚁蚕一片。叶子真嫩啊。蚁蚕吸在桑叶上，一动不动。可是好长时间过后，再来看，就能看到桑叶上有了一条长长的裂缝。蚁蚕在吃哩。到很晚了，唱唱还不睡觉，就趴在纸盒子的上面看。

7

整个小区的花园里只有这一棵小小的桑树。蚕长得很快。每天要吃多一点的叶子。小桑树变得很可怜了。除了枝头最顶端的几片故意留下的叶芽儿，其余的叶子几乎被摘光了。变成一棵光秃秃的小树。唱唱看了很是心疼。可是谁也没有办法。再也找不到另一棵桑树了。小桑树也在努力地长着叶子。过上一夜，就会长出新的。叶芽儿也努力在变大。可是，蚕还是等不及。

8

为了桑叶，一家人都愁苦着脸。可是小蚕不管，只是高兴地吃啊吃。唱唱晚上回来，就坐在蚕盒子边上发呆。

"为什么城里没有桑树呢？"

"是怕脏吧。"爸爸说。

"桑树有什么脏的呢？"

"桑树到夏天的时候，就会结很多的桑葚。桑葚熟了，就会自己落下来，满地都是。那地上就不能走了，谁要是走过，鞋上，地上，就全是黑的。用水冲都冲不掉。"

"可是桑葚多好吃啊。我在爷爷的农村老家就吃过。甜甜的，我一口气能吃一把呢。"

"城里的小孩不吃的。家长们不让吃。怕不卫生。吃也吃不完。只好让它们落在地上。不管是人行道，还是花园，每天都有人走来走去，你想想，多麻烦。"

"那蚕吃什么呢？"

爸爸笑起来："城里人是不养蚕的。"

"那蚕丝哪里来的呢？不是要蚕丝做衣服，做蚕丝被的吗？"

"总有人养吧。反正城里人是不养的。"

"花园里的那棵小桑树，不能再摘它的叶子了，它都要死了。我的蚕宝宝也要饿死了。"唱唱很伤心。

9

爸爸发动好车子，在路边上等。唱唱双手捧着盒子钻进汽车。盒子里装着9只蚕宝宝。汽车一路往长江大桥开去。

唱唱的爷爷在苏北的农村。唱唱每年的暑假都会去过上一阵子。妈妈说："唱唱，不要总把蚕抱在手上，放座位上吧。"唱唱不肯。她怕车子颠，会把盒子摔到地上。虽然爸爸说不会。可是她还是担心。她一定要抱在手上。

10

进村子是一条水泥路。路的两旁是稻田，一望无际。远远就看到一个老人，扶着自行车，站在村口等。老人一头的白发，在午后的阳光里十分醒目。是爷爷。他已经在这里等了很久了。

11

爷爷骑着车，弯弯曲曲地在前面带路，爸爸开着车，缓慢地跟在后面爬行。

12

唱唱打开窗子，不停地喊爷爷："爷爷，我养了好多蚕。你有桑叶吧？"

爷爷说："有，有。"

"你的桑树多不多？"

"多得很。养100条蚕都够。"

"我没有100条，我只有9条。"

13

车子停在爷爷的院子里，停在一棵高大的银杏树的底下。奶奶从厨房里出来，站在门口，一面用围裙擦着手，一面喊："我家的唱唱回家来了。"

唱唱捧着蚕盒子，急急忙忙跳下车子："奶奶，你来看，我养的蚕。已经好大呢。"奶奶就过来看："不小，不小。"奶奶的脸上全是笑。

14

过了一上午，盖在蚕身上的桑叶全干了。唱唱很着急，不肯吃饭，就要爷爷陪她去采桑叶，说蚕饿坏了。

爷爷牵着她的手，朝屋后走过去。

屋后面是一条小河。河岸上长着一排柳树。唱唱说："桑树呢，桑树呢？"爷爷朝河的对岸指了指。可是河的对岸还是柳树。爷爷说："再过去一点儿，在稻田边上。桑树不稀奇，农村里多得着实。"

河上是座石拱桥。桥头上还蹲着两只石狮子。唱唱来不及看，拎着小竹篮抢在爷爷前面跑。爷爷就喊："慢点，慢点，不要溜。"

15

真是长长一排的桑树啊。唱唱个子矮，够不着。爷爷也要踮起脚才能揪到树枝。用不着多久，一篮子就采满了。一篮子的桑叶其实轻得很，可唱唱还是要跟爷爷两个人，一人一只手，一起提着篮子回家。

16

唱唱第二天就跟爸爸、妈妈回南京了。星期一还要上学。蚕宝宝好像也舍不得唱唱离开，显得有点无精打采。唱唱临走的时候，趴在纸盒子上跟它们说了好一会儿话。到底说了什么，没有人知道。爷爷说："唱唱，你放心。我肯定把蚕养得刮刮叫。到它们上山结茧子，我就送了给你。"

17

唱唱回南京的第二天，蚕宝宝们就开始一只只死去。

爷爷急得六神无主，请来村里最有经验的蚕农。蚕农对着奄奄一息的蚕宝宝，施了一些奇怪的咒语，可还是没有反应。老蚕农也是十分无奈："怕是吃了有毒的桑叶。你采的是稻田边上的吗？稻田里经常施农药。一定是农药飘到桑叶上了。"

18

爷爷去最安全的地方采来新鲜的桑叶，让奶奶整天守着。几天过后，蚕宝宝死得只剩下最后一只。爷爷的心里很难过，又怕唱唱知道了伤心，就想再找几只蚕，一样凑成9只，不动声色地给唱唱一个交待。

19

爷爷每天都骑着自行车出去。爷爷几乎走遍了方圆三十里地的村子。可是已经没有一个村子养蚕。三十年前，村子里几乎是家家养蚕。可是现在，村子里都是一些留守的老人和孩子，年轻人都外出打工了。留守的老弱病残，连家里的田地都忙不过来，更没有余力养什么桑蚕。

20

爷爷没有办法，只得给唱唱打电话，痛心地说只剩下最后一只。唱唱握着话筒，眼里含着泪。她是懂事的孩子。

她从爷爷的声音里也听出了他的难过。她对爷爷说："那你把最后这只蚕养好。"爷爷点着头，在话筒的另一端。

21

最后的这只蚕，已经很大了。爷爷用盒子把它装起来。爷爷在盒子里放了许多干净的桑叶，跟奶奶一起坐火车来南京。爷爷的手里捧着这只装蚕的纸盒子，奶奶手臂里挽着一只竹篮，篮子里装着桑叶。

22

唱唱没放学的时候，爷爷奶奶就到了。纸盒子和装桑叶的篮子都放在客厅里的茶几上。

唱唱一回来，没有放下书包，就跑了过来。爷爷的表情有些尴尬。毕竟9只蚕宝宝，只剩了一只回来。

23

白白胖胖的蚕宝宝，在桑叶上缓慢地爬行。整个身体都好像透明了。唱唱对奶奶说："你们的桑叶太长时间了，老了，蚕不吃的。"

24

唱唱一溜烟下楼。她知道楼下的那棵小桑树，已经又长满了叶子。小桑树长得真快啊。才这么一段时间，就比唱唱要高了。不过也没高多少，唱唱一伸手就能摘到。唱唱摘了很多。

妈妈一再让她少摘点："就一只蚕了，不会吃太多。留点，明天再来吧。"

25

唱唱把新鲜的桑叶一片一片递给这最后的一只蚕。可是蚕一口也不吃。

"有很多呢，你吃吧，吃吧。"唱唱说。

可是蚕一口也不吃。

"吃吧，吃吧。"妈妈也说。

蚕昂着头，好像在找什么，又好像要对他们说话。蚕把头轻轻地摆动着。爷爷说，它要吐丝了。

26

唱唱和妈妈立即去找小树枝。在纸盒子的一角，给它搭了一个小小的，杂乱的窝。蚕住进了这个窝。唱唱不放心，仍然在它的边上放了一片桑叶。可是，它真的不吃了。一口都不吃。

27

天晚了，四周黑下来。晚饭也吃过了。一切变得静悄悄。唱唱一直待在蚕的边上。爷爷、奶奶、爸爸、妈妈，都默默地守着。蚕已经在吐丝了。蚕把丝乱纷纷地吐在周围的小树枝上，织成一个松软的网。蚕就躲在里面，头"S"形摆动，吐着丝。慢慢地，一个茧的形状就出现了。从透明的茧的外面，还能清楚地看到蚕在不停地转动。慢慢地，蚕的身子弯曲了，变成了一个"C"形，吐丝也变成"8"字形。蚕就一直保持着这个姿势，反反复复地转着它的头，吐着它的丝。它要把身体里全部的丝都吐尽。

唱唱一步不肯走，眼睛盯着这吐丝的蚕，这渐渐地被裹进了不再透明的茧里的蚕。她的眼睛里闪着泪。她心里难过，可是又说不清为什么。

"唱唱，去睡吧。蚕会吐很久呢。这个'8'字，它要吐六万多圈呢。"爸爸说。

"爸爸，它要吐多长的丝？"

"最长，它能吐3000米。"

"可是，爸爸，这个蚕，一辈子过得又可怜，又孤单，现在又要吐这么长的丝，它到底是为什么啊？"

"这就是它的宿命吧。"

"爸爸，什么是宿命呢？"

"它注定了只能这样，它也没办法。"

"可是这只蚕，它没有吃的，差点被毒死，最后还要变成一个茧。它不能马上就变成一个蝴蝶飞了？那多好。"

"它变不成蝴蝶的。它会在茧里面变成一个蛹。"

"蛹从这茧里钻出来，不就可以变成一个蝴蝶吗？"

"蛹从这里钻出来，只能变成一个蛾子。翅膀是短的，不会飞。"

"变成蛾子之后呢？"

"变成蛾子之后，它就要死了。"

"可是，爸爸，它为什么要死呢？"

29

唱唱终于去睡了。等她醒来之后，挂在小树枝上的，已经完完全全是一只茧了。

"它还活着吗？"

"还活着。"

"它现在是一条蚕，还是一个蛹呢？"

"过上三四天就是蛹了。现在，还是蚕吧。"爸爸说。

"那它什么时候会变成蛾子呢？它变成蛾子，我就又可以看到它了。"

"再过半个月，它就会变成蛾子了。"

"可是，它变成蛾子就要死了吗？"

"是的。不过呢，它要产了子之后才会死的。你还记得老师给你的那张蚕纸吗？上面的子就是蛾子产的。它要产了那些蚕子，才会死。"

"如果它不产子呢，是不是就不会死了？"

"也会的。"

"好吧，我就等半个月。我把它放在哪里呢？"

"一只蛾产不了子的。要有其他的蛾，它才能产子。"

"我知道了。它是小小蚕的妈妈，还要找一个爸爸。到哪里去找呢？"

"老师有没有给其他同学蚕纸？"

"给了，可是，只有一个同学的蚕还活着。"

30

唱唱和恬恬约好在紫金山的脚下，仙林大道的尽头见面。两个人都带着自己的茧。恬恬有两只，唱唱有一只。

31

爸爸、妈妈们带着他们去爬山。他们去找山里面的一片桑林。

他们在桑林里找到一棵最高大的桑树。

唱唱的爸爸把这三只茧，牢牢地粘在一根桑树枝上。

"会有很多子吧？"

"会的。一只蛾子可以产五百多个呢。"

唱唱和恬恬欢呼着，牵着手快活地在桑林里乱跑。

32

唱唱和爸爸，是过了一个星期再来的。爸爸粘蚕茧的地方空无一物。唱唱和爸爸满地寻找。如果蛾子从茧里钻出来，那个空下的、破了的茧应该还在的。可是，什么也没有。整个桑树林里都没有。

33

在这个山坡上的小桑林里，唱唱和爸爸一直坐到太阳下山。两个人的心里，有着不一样的悲伤。

小鸟（代后记）

申赋渔

经过花鸟市场，唱唱挣脱了我的手，跑到一排鸟笼前面。

"爸爸，我要小鸟。"

"不行，会死的。"

"不会的，我会天天给它吃饭，喂它喝水。"

我拉她走，她脚跟蹬地，向后赖着屁股："就算我的生日礼物，我只要这一个礼物，其他什么礼物都不要。"事实上，她的 6 岁生日刚过，所有人都给过她礼物。

"唱唱，你想想，如果有人把你关在笼子里，买回去看着玩，你愿不愿意？"

"我又不是小鸟。我知道，你是不喜欢我了，你昨天就不喜欢我了。"

"唱唱，你要讲道理。鸟是应该在天上飞的，不是关在笼子里的。鸟儿不能飞，多可怜，哪里也去不了，也没有朋友。"

"我们可以买两只小鸟，它们就可以做朋友了。"

我拉她的手臂，她大哭起来，左手牢牢地抓着挡在鸟笼前面的木栏杆，身子绷得直直的。

"你要替小鸟想想，不要不讲道理，太自私。"我朝她喊。

"有的小鸟在天上飞，有的小鸟就是关在笼子里的。为什么别的爸爸给小朋友买，你不给我买？"

我们僵持着。她满脸是泪，抽抽泣泣。对女儿的疼爱，使我放弃了对小鸟的怜悯以及原本以为很是坚定的生态理念。

我买了一只鸟笼，以及两只小小的虎皮鸟。整个晚上，唱唱就蹲在鸟笼前面，一步不离，看着它们在横杆上蹦来跳去，喂它们鸟食、水和菜叶。

"奶奶，小鸟会生蛋吗？"

"会。"

"等它下蛋了，你帮我给它做个窝，让它孵小鸟好不好？"

"好。"奶奶笑眯眯地一直陪她坐着。

"鸟被关着，是不会孵小鸟的。"我冷冷地插嘴。

　　唱唱低着头，轻声招呼着小鸟从横杆上下来喝水，看也不看我。

　　第二天，唱唱比往常起得要早，起床之后，又搬了把椅子，坐在鸟笼的前面。

　　她突然大声地喊我，声音很是惊惶。我走过去。一只鸟站在横杆上东张西望。另一只已经跌落在笼子底盘上，挣扎着，动静越来越微弱，终于不动。

　　我把它拿出来，对唱唱说，它死了。

　　晚上回来，鸟笼已不在。唱唱一个人在看电视。

　　"鸟呢？"我问她。

　　"我让奶奶给放了。"她指指远处灰暗的天空。

　　早晨我走了之后，唱唱让奶奶陪她，把鸟送给楼下喜欢小狗的阿姨，可是阿姨不要。她又拎着，送给四楼的爷爷。四楼爷爷养了好几个笼子的鸟。四楼爷爷又嫌她的鸟太普通。

　　傍晚的时候，她把小鸟放了，就一直坐在电视机前面。屏幕上，一个怪怪的日本卡通人，正跟一个难看的怪兽野蛮地扭打着。看着她，我突然很想给她，以及像她一样的孩子，写一点故事，让他们了解生命，了解自然，了解人类自己。

　　这天晚上，我写了一篇文章，题目是《渡渡鸟》。它成了这本书的开始。

申赋渔

作家。著有个人史三部曲《匠人》《半夏河》《一个一个人》；"中国人的历史系列"《诸神的踪迹》《君子的春秋》；非虚构文学《不哭》《逝者如渡渡》《光阴：中国人的节气》《阿尔萨斯的一年》；戏剧剧本《愿力》《南有乔木》《舞马》等多部作品。2018年，《匠人》法文版 *Le village en cendres*，由著名出版社 Albin Michel 在全法推出。

图书在版编目(CIP)数据

逝者如渡渡 ／ 申赋渔著. —— 北京：新星出版社，
2019.6

ISBN 978-7-5133-3461-7

Ⅰ. ①逝… Ⅱ. ①申… Ⅲ. ①动物保护－青少年读物
Ⅳ. ①S863-49

中国版本图书馆CIP数据核字(2018)第284863号

逝者如渡渡

申赋渔 著

责任编辑　汪　欣
特邀编辑　杜益萍　李　爽
装帧设计　朱赢椿　羊小方
责任印制　廖　龙
内文制作　王春雪

出　　版　新星出版社　www.newstarpress.com
出 版 人　马汝军
社　　址　北京市西城区车公庄大街丙3号楼　　邮编 100044
　　　　　电话 (010)88310888　传真 (010)65270449
发　　行　新经典发行有限公司
　　　　　电话 (010)68423599　邮箱 editor@readinglife.com
印　　刷　北京天宇万达印刷有限公司
开　　本　880毫米×1240毫米　1/32
印　　张　5.5
字　　数　100千字
版　　次　2019年6月第1版
印　　次　2019年6月第1次印刷
书　　号　ISBN 978-7-5133-3461-7
定　　价　39.80元